BREST,

POÈME

En Seize Chants,

PAR

HONORÉ DUMONT.

PRIX : 2 FRANCS.

COUTANCES,

Imprimerie de P. L. TANQUEREY.

1.er MAI 1835.

BREST,

POÈME.

BREST,

POÈME

Eu Seize Chants,

PAR

HONORÉ DUMONT.

COUTANCES,
Imprimerie de P. L. TANQUEREY.

MARS 1833.

A LA PATRIE.

Mère d'un grand Peuple,

TOI, qui vois en moi un de tes enfans les moins favorisés des biens de la fortune ; mais un des plus riches en nobles sentimens, en pensées généreuses, en zèle pour ta gloire et ta prospérité, ô Patrie ! entends ma voix !

L'influence que tu dois exercer sur la balance politique, la vaste étendue de tes côtes, ton immense population, les intérêts de tes citoyens, les besoins de ton commerce, ta position sur le globe : tout fait de toi une des premières puissances maritimes du monde.

Le sort m'a placé sur un des Départemens les plus importans de ton territoire, sur le principal point qui te sert de rempart contre les attaques de l'Océan et contre les efforts des ennemis, quand ils viennent, au sein des flots, déployer contre toi l'étendard de Bellone.

Une idée patriotique m'a porté à célébrer ce théâtre majeur de tes forces maritimes.

Le soleil était dans le signe des *Gé-*

meaux, quand je pris ma lyre, dont les accords devaient chanter ce lieu imposant qui fait l'orgueil de l'Armorique, et qui fixe les regards de la France entière.

Depuis ce temps, cet astre superbe n'est pas encore, pour la deuxième fois, de retour dans la Constellation sous laquelle fut inspiré mon noble projet. Tout imparfait que puisse être mon ouvrage, il est mis en ce moment au jour, pour céder à l'intention bienveillante des personnes qui ont paru désirer d'encourager mes travaux.

Je pense, ô Patrie ! que je ne puis donner ici une plus haute idée de l'importance de tes forces navales qu'en citant quelques lignes d'un discours de l'un de tes citoyens les plus éloquens, les plus fidèles et les plus affectionnés. Voici les paroles de cet immortel orateur.

Epitre Dédicatoire.

« Les Français marchent aujourd'hui à
» la tête de la civilisation européenne, et
» sont intéressés à poursuivre tout ce qui
» appartient aux progrès des arts et des lu-
» mières. Tout les appelle sur les mers,
» où, malgré nos malheurs passés, nous
» sommes encore les premiers, après ceux
» qui en ont la domination ; et à ceux-là
» mêmes notre armée navale est encore
» redoutable, parcequ'elle sert de tête de
» colonne aux armées navales des deux
» hémisphères. (1) »

D'après de si grands intérêts, noble
Patrie, quels sacrifices ne dois-tu pas être

---

(1) Le Général FOY. Discussion sur le Budget
de la Marine, en Juin 1821.

disposée à faire pour ta Marine, afin qu'elle puisse voir l'accomplissement de sa haute destinée !

DUMONT.

Mars 1833.

AVERTISSEMENT.

~~~~~~~~~~~~~~~~~~~~~~~~~~~~~~

Je ne songeais pas à composer un ouvrage de longue haleine sur Brest. Comme j'avais connaissance que M. de Malesherbes avait fait un voyage en Bretagne, pour venir visiter, à Brest, M. le Comte de Montboissier, son neveu, qui commandait le camp établi devant cette place, j'eus, en 1831, l'intention de faire de cette anecdote un épisode qui aurait formé un chant dans le grand poème que je destine à célébrer la mémoire de l'illustre magistrat pour lequel j'ai une vénération si profonde. Mais, ô pouvoir de l'enthousiasme ! fort peu de temps après avoir mis la main à l'œuvre, j'entrepris un ouvrage entier relatif à Brest, et l'imagination m'a secondé assez vivement pour que j'aie pu donner à ma production le degré d'étendue et d'intérêt qu'elle présente.

J'ai aussi sur le chantier un ouvrage qui me semble fait pour piquer la curiosité du lecteur, et dans lequel je m'efforce de peindre l'aspect imposant que le département du Finistère offre sur plusieurs

*points. Cette contrée me paraît très-propre à en-
flammer la Muse d'un poète dont l'âme respire des
sentimens énergiques.*

*Il me serait assez difficile d'expliquer pourquoi
je suspends la composition de mon poème sur M. de
Malesherbes, pour m'occuper d'ouvrages commencés
depuis bien moins de temps que la production qui
est consacrée à la louange de cet auguste person-
nage. Tout ce que je puis dire, c'est que mon admiration pour l'immortel ami du meilleur des Rois
ne peut s'affaiblir, et qu'avec la protection du Ciel,
je lui paierai, tôt ou tard, le juste tribut que je lui
ai voué.*

*Ai-je besoin de réclamer l'indulgence du public,
pour la production que je mets en ce moment au
jour, en exprimant ici que je n'ai point fait mes
études ; que même je n'ai jamais eu de maître de
grammaire ; que le goût de la poésie ne s'est révélé
en moi qu'à l'âge de 37 ans ; que cet ouvrage a,
pour la majeure partie, été composé pendant les
loisirs que me laissait un emploi subalterne dans
une administration de finances ; que ce poème a été
créé au milieu des embarras d'une famille nom-
breuse, et parmi les soucis d'une position gênée ?.*

BREST.

CHANT PREMIER.

Muse ! allons visiter le plus beau port de France :
Combien là de l'Etat éclate la puissance !
Vingt ans sont écoulés, depuis que le désir
De contempler ce port à mon cœur vint s'offrir ;
Mais je ne suivis pas le vœu de ma pensée.
Puisque si vivement mon âme est empressée
A voir tout ce qui peut accroître son ardeur,
Je ne résiste plus à ce penchant flatteur,
Et mon goût, d'autant mieux, pourra se satisfaire
Que j'habite aujourd'hui le sol du Finistère.

Je veux chanter ce port, qui semble m'appeler
A vanter son éclat, si doux à signaler.
Sur le plus noble ton, Muse, monte ta lyre :
A tes accens nouveaux Apollon va sourire ;
Et Neptune, charmé de tes touchans accords,
Va se féliciter de te voir sur ces bords.
Pour entendre ma voix, de vos grottes humides
Vous allez accourir, belles Océanides !

Brest, à l'œil étonné, présente un grand tableau ;
Pour le tracer, il veut un vigoureux pinceau :

Il faut, pour célébrer un lieu si poétique,
Se sentir embrâsé par le feu pyndarique :
Un noble enthousiasme électrise l'esprit,
Et le génie alors s'enflamme, s'agrandit.

Muse, voyons du port la magnifique enceinte,
Où l'ennemi jamais ne put porter atteinte.
La nature a formé cette admirable port,
Où la Marine prend le plus brillant essor,
Et l'art industrieux l'a rendu formidable :
Il est pour la patrie un point inexpugnable.

Combien Brest a-t-il vu s'élancer de son sein
De flottes, qu'animait un généreux dessein !
Combien le globe a vu d'actions libérales
Qui sont le digne fruit de nos forces navales !
Combien leur dévouement brilla dans l'univers,
Pour l'affranchissement de l'empire des mers !
Combien le Monde encor place son espérance.
Dans ce qu'entreprendra la marine de France !

O quel rare spectacle est offert à mes yeux !
Comme il frappe mon âme, et qu'il est glorieux !
Combien, en contemplant nos forces maritimes,
Le cœur d'un français s'ouvre aux sentimens sublimes !
Salut ! nobles vaisseaux, dont l'immense Océan
A toujours applaudi le belliqueux élan,
Et qui, souvent trahis par l'aveugle Fortune,
Vous vîtes protégés par la main de Neptune :
Honneur à vos travaux, à votre pavillon,
Qui se fait admirer de chaque nation,

Et sait braver toujours les vents, la foudre et l'onde,
Quand son destin l'appelle à secourir le monde !

Que le génie est grand dans ses conceptions !
Il étonne nos yeux par ses créations.
L'art des Bouguer a fait des progrès admirables.
Comment en vous voyant, ô masses formidables !
Ne pourrait-on penser au superbe talent
Qui traça vos contours aussi parfaitement,
Et mit dans votre ensemble une force puissante,
Qui sût braver les coups d'une mer écumante.
Qu'à nos yeux un vaisseau montre de majesté !
Qu'une frégate brille encore à son côté !
Mais de ces vastes corps que la démarche est fière,
Quand Eole prend soin de leur allure altière !

Je vois avec respect ces vaisseaux mutilés,
Que dans bien des combats la gloire a signalés.
O vous, qui ne m'offrez qu'une masse immobile,
Vous ne dompterez plus une mer indocile,
Et l'Océan, par vous sillonné tant de fois,
Ne sera plus témoin de vos nobles exploits !
Vous êtes maintenant à l'abri des orages,
Et vous aurez de moi les plus justes hommages.
Puis-je vous oublier, colosses vénérés,
Qui de grands souvenirs me semblez entourés,
Et qui même aujourd'hui, sans ailes, sans tonnerre,
Par votre gloire encore intéressez la terre ?
Si vous ne montrez plus un abord belliqueux,
Les palmes de vos fronts viennent frapper mes yeux,

Et je bénis ce port de l'asile honorable
Qu'obtient chacun de vous, dans son sein favorable
Aux plus nobles projets enfantés par l'Etat,
Pour donner à la France un véritable éclat.

Que j'aime à voir ici le vaisseau le Tourville,
Qui sut dans ses vieux ans se rendre encore utile,
En formant dans son sein tant d'habiles marins,
Dont plusieurs ont rempli de glorieux destins!
Le nom de ce vaisseau me rappelle un grand homme,
Que dans notre patrie avec amour on nomme,
Et dont le sort, un jour, a trahi les desseins,
En venant arracher la victoire à ses mains.
La France à sa mémoire a décerné l'hommage
Que méritait d'avoir son âme grande et sage :
Le ciseau du génie a reproduit les traits
Du mortel dont ma muse admire les hauts faits.
Ta brillante statue, ô noble capitaine !
Voit couler à ses pieds les ondes de la Seine :
Elle s'élève auprès du palais de nos Rois,
Et la France, avec eux, a reconnu tes droits
A la distinction touchante et révérée
Qu'à tes hautes vertus l'honneur à consacrée.
Tourville ! un des héros de mon pays natal,
De nos plus grands guerriers tu dois marcher l'égal.

A vous admirer tous mon âme est excitée,
Vastes corps, sur lesquels ma vue est arrêtée.
Que vos noms sont fameux, ô colosses des mers !
Ils vont, par leur éclat, retentir dans mes vers.
Soldats

Soldats du continent, et soldats maritimes,
Je vais vous rappeler vos actions sublimes ,
En signalant des noms que l'immortalité
Transmettra, d'âge en âge, à la postérité.
La plupart de ces noms, dont la beauté m'enflamme ,
O généreux français ! sont bien chers à votre âme.

Je veux vous citer tous, bâtimens de haut-bord,
Que maintenant je vois dans cet illustre port :
Frégates et vaisseaux , qu'un si beau lieu rassemble ,
Ma Muse veut ici vous marier ensemble.

Diadème et Junon , Clorinde et Duguesclin ,
Magicienne et Jean Bart , Terpsicore et Suffren ,
Avec orgueil l'Etat vous orne, vous admire :
A vos nobles destins l'univers vient sourire.

Amazone et Wagram, Aréthuse, Océan ,
Neptune et Némésis, Guerrière et Vétéran ,
Je vois encore en vous un groupe en qui la France
Place au plus haut degré sa noble confiance.

Astrée et Saint-Louis, Constance et Glorieux,
Magnifique et Vénus, Médée et Courageux ,
Vous êtes des soutiens qu'applaudit la patrie,
Et j'aime à célébrer votre union chérie.

Ma Muse ne peut point, au gré de son désir,
Assortir tous vos noms, qu'elle voit resplendir ;
Mais je vais allier Duquesne et Surveillante,
Commerce de Paris avec Persévérante.

B

Vous viendrez vous placer auprès du Foudroyant,
Austerlitz et Iéna, d'un renom si brillant.
Et vous, Santi-Pétri, vous, Atlas, vous, Achille,
Venez tous vous ranger auprès du vieux Tourville,
Sous nos yeux restauré, qui flotte rajeuni,
Tout prêt à s'élancer sur l'abîme infini.

Je tressaille, en voyant ce superbe cortége,
Qui décore l'Etat, le venge, le protège.

Vous êtes à l'étroit dans ce vaste bassin ;
Vaisseaux, qui possédez un gigantesque sein :
Vous ne déployez bien votre magnificence
Qu'alors que vous voguez sur une mer immense,
Que vous la sillonnez majestueusement !
Que vous êtes pour elle un auguste ornement !
Si l'Océan toujours offre un aspect sublime,
La navigation l'embellit et l'anime.
Malgré son grand éclat à nos regards offert,
La mer, sans bâtimens, n'est qu'un triste désert.
J'aime à voir sur son sein des voiles différentes,
Qui sont de tous les biens des sources abondantes.
O Paix ! je crois en toi voir la sœur de Thétis :
Combien tous vos penchans semblent être assortis !.
Vous désirez toujours le bonheur de la terre
Et vous semblez unir l'un et l'autre hémisphère :
Tous les peuples par vous échangent leurs bienfaits ;
Tous les peuples par vous bénissent les Français.

FIN DU PREMIER CHANT.

BREST.

\\\\\\\\\\\\\\\\\\\\\\\\

CHANT SECOND.

Richelieu, créateur de ce port magnifique,
Je bénis ton ambur pour la chose publique :
Le pavillon français, par tes vastes desseins,
Eut à s'énorgueillir de ses nobles destins.
Qu'était notre Marine avant ton ministère ?
Combien par ton génie elle agrandit sa sphère !
Et Louis et Colbert, secondant ton ardeur,
De la patrie encore accrurent la splendeur,
En redoublant l'éclat de nos forces navales,
Si dignes d'occuper les volontés royales.

  Ce fut vous, que Louis envoya dans ce port,
Installer la marine, amiral de Beaufort ;
Et soixante vaisseaux, destinés à la guerre,
Par vous furent conduits au sein du Finistère.
Combien Brest eut de joie à ce noble appareil,
N'ayant point encor vu de spectacle pareil !

Brest à notre marine offre une rade immense,
Où toujours nos vaisseaux mouillent en assurance.
Ah ! comme, en la voyant, elle enflamme le cœur
De quiconque est sensible à la noble grandeur !
Nulle rade n'est point plus vaste sur la terre :
Elle peut contenir cinq cents vaisseaux de guerre.
De majestueux forts viennent l'environner :
Pour elle constamment ils sont prêts à tonner.
Sa bouche offre un rocher, qui la rend dangereuse ;
Mais l'art sait éviter ta cime périlleuse,
O terrible Mingan ! dont les aspérités
Pourraient anéantir nos vaisseaux redoutés.
Plusieurs ont succombé, quand Eole implacable
Contre toi repoussait leur masse formidable.
Inflexible géant ! que fais-tu sur ces bords ?
Prétends-tu t'opposer aux généreux efforts
Qu'en cette enceinte peut déployer la patrie,
Ou veux-tu protéger cette mère chérie,
Si l'on entreprenait quelque jour d'envahir
Cette rade, ce port, que tout vient garantir ?
Sentinelle immuable, et que Thétis seconde,
Tu gardes jour et nuit cette porte du monde,
Ce Goulet, dont le nom n'est pas harmonieux,
Mais qui reçoit souvent des saluts glorieux.

O terre ! c'est ici ta limite éternelle ;
Ici je vois écrit sur le front de Cybèle :
On ne va pas plus loin. Mais Eole et Thétis
Appellent par-delà leurs nombreux favoris,

Et les font s'élancer au sein d'une carrière
Qui semble ne finir qu'où cesse la lumière.

Que Brest est favorable à ces vastes projets
Qu'on fait exécuter pour les plus grands objets !
A-t-il pu se trouver un monarque de France
Qui n'ait pas visité ce lieu plein d'importance !
Tous auraient dû venir contempler sa grandeur,
Tous auraient dû de Brest accroître la splendeur.
Ils auraient, en voyant cette enceinte admirable,
Su combien leur pouvoir était beau, formidable.
Leur passage eût été marqué par des bienfaits ;
Ils eussent transformé les landes en guérets.
Ce n'est pas seulement leurs fertiles provinces
Que doivent parcourir les ministres, les princes :
Qu'ils visitent surtout les points de leurs Etats
Où la patrie attend des secours et des bras.

Brest a vu récemment d'augustes personnages
Arriver, ou partir, pour d'importans voyages.
Fille du prince Eugène, ô touchante beauté !
En qui se trouve unie la grâce et la bonté,
C'est dans ce noble port que votre âme attendrie
Fit ses derniers adieux à sa chère patrie,
Pour aller embellir, sous l'ardent Equateur,
Une cour bien sensible au véritable honneur.
Ensuite Brest a vu votre généreux frère,
Qui reportait ses pas au sein de la Bavière,
Après avoir conduit sur des bords si lointains
Celle qu'ils appelaient aux plus brillans destins.

Vous, Dona Maria, reine sans diadême,
Invitée à régner par le vœu du ciel même,
Et par l'attachement des Lusitaniens,
Vous avez vu de Brest encor les citoyens
Bénir votre présence et vous offrir l'hommage
Que l'on doit aux vertus qui sont votre partage.
Votre âme fut touchée, en voyant éclater
L'intérêt que pour vous on vint manifester.

Sous des rapports divers, Brest est une merveille :
Nulle position n'est, peut-être, pareille
A celle qu'il présente aux regards enchantés
Des mortels, dont les yeux admirent ses beautés.
Plus nous observons Brest, et plus il nous étonne :
Il surprend par son port, par ce qui l'environne.
Combien la providence a donc servi l'Etat,
En lui donnant un port d'un aussi rare éclat !
O Finistère ! il est ton plus noble partage,
Et toute la Bretagne éprouve l'avantage
De ce qu'en tous les temps on vient la parcourir
Pour arriver au port qui la fait resplendir.

O Brest ! en te peignant, je n'ai pas l'assurance
Que l'on rendra justice à ma persévérance ;
Les meilleurs sentimens sont mal interprétés,
Les faits les plus certains sont souvent contestés.
On semble dédaigner la noble poésie :
Pourtant à ses accens toujours elle associe
Les plus hautes leçons qu'offre le genre humain.
Que d'agréables fleurs éclosent sous sa main !

Elle aime à célébrer les héros et les sages ;
Elle aime à décerner les plus touchans hommages
A ceux que la vertu porte à des actions
Qui sont faites pour plaire aux yeux des nations.

Je vais remplir ma tâche, elle n'a rien d'austère :
Elle entre dans mon goût et dans mon caractère ;
Et je crois qu'un destin favorable à mes vœux
A voulu que ma Muse arrivât en ces lieux,
Pour peindre ce qui doit intéresser la France,
En faisant un tableau d'une grande importance.
Vous encouragerez mes fidèles crayons,
O valeureux marins, et vous loyaux Bretons !

FIN DU SECOND CHANT.

BREST.

ᴠᴠᴠᴠᴠᴠᴠᴠᴠ

CHANT TROISIÈME.

Napoléon, pourquoi ton regard glorieux
Ne connut-il jamais ce port majestueux ?
Ton génie, étonné de cette enceinte unique,
Eût mis dans ta pensée un vœu patriotique,
Pour l'accomplissement d'admirables projets,
Dont il fût résulté les plus heureux effets.
Ton œil d'aigle eût plané sur une rade immense,
Qui se fût animée à ta noble présence,
Et qui t'aurait offert le spectacle frappant
De ce que la marine a de plus imposant.
A ta voix, qui pour nous fut souvent salutaire,
Le port de Brest encore eût agrandi sa sphère :
Ta, pénétrante vue aurait su découvrir
Ce qu'il était possible ici d'approfondir,
Pour donner plus d'éclat et de magnificence
A ce lieu, dont je viens célébrer l'influence.

Mon cœur, Napoléon, ne peut point se cacher :
Permets donc que ma Muse ose te reprocher

D'avoir trop négligé ta puissance navale.
Celle qu'ont les Anglais ne voit rien qui l'égale.
Nous savons cependant que ton constant désir
Etait que la Marine en France vint fleurir :
Cherbourg, Flessingue, Anvers, avec reconnaissance ,
Ont reçu des travaux d'une grande importance ,
Qu'a fait exécuter ton zèle pour l'Etat ;
Ils donnent à ces ports le plus superbe éclat.
Mais nos meilleurs marins, appelés par ta gloire,
Abandonnaient les mers, couraient à la victoire ;
Ils surent déployer une intrépidité
Qui rehaussait le prix de leur habileté :
Vingt fleuves étrangers ont admiré le zèle
De ces fils de Thétis, pleins d'une ardeur nouvelle.
Berlin, Vienne, Dantzick, Friedland, Eylau, Iéna,
Varsovie, Austerlitz, Wagram, Bautzen, Vilna,
Votre sol fut témoin que les marins de France
Ont, comme nos soldats, une rare vaillance :
Que ceux qui, de Neptune affrontent les hasards ,
Bravent avec sang-froid tous les dangers de Mars.

O monarque fameux ! qui fis trembler le Monde,
Ta gloire aurait brillé d'un beau lustre sur l'onde,
Si la Fortune avait secondé tes desseins ,
Qui voulaient que la France eût les plus grands destins.
La Marine reçut encor, sous ton Empire,
Une augmentation qu'ici je vais redire :
Sous ton règne, on vit plus de quatre-vingts vaisseaux
Sortir de nos chantiers, s'avancer sur les eaux.

Frégates, vous avez, au nombre de soixante,
Accru de ces vaisseaux la quantité frappante.
La plupart d'entre vous, perdus pour les Français,
N'ont jamais signalé leur nom par des succès :
Beaucoup sont dans les mains des puissans insulaires
Qui furent bien long-temps pour nous des adversaires.
Si jamais contre nous vous êtes dirigés,
Bâtimens, puissiez-vous être tous submergés,
Plutôt que d'obtenir un cruel avantage,
Qui devrait vous paraître un criminel outrage !

Il est presque impossible à notre nation
Que sa marine prenne assez d'extension
Pour se mettre au niveau de celle d'Angleterre ;
Qui semble maintenant commander à la terre.
Quoi ! l'empire des flots doit-il appartenir
A celui qui les veut sous son joug asservir ?
La France est maritime, elle est continentale :
Ses vaisseaux ne sont point sa force principale ;
Mais ils sont les soutiens de ces relations
Qu'elle entretient avec diverses nations.
Nos vaisseaux puissamment servent nos colonies ;
Mais la plupart, hélas ! nous ont été ravies !
Cependant un Etat tel que se vient offrir
La France, que Neptune aime à faire fleurir,
Veut des possessions en diverses contrées,
Qui soient par sa marine à jamais assurées.
Un peuple très-nombreux, actif, entreprenant,
Dont l'agitation est un goût persistant,

Ne peut pas tout entier rester dans sa patrie :
Beaucoup semblent entendre une voix qui leur crie
D'aller chercher ailleurs un sort plus fortuné ;
Et l'homme à s'éloigner alors est entraîné.
Mais le Français est fier du sol qui l'a vu naître ;
Il aime à concourir toujours à son bien-être,
Et veut rester soumis aux usages, aux lois,
D'un pays ou chacun jouit de tous ses droits :
Il désire habiter au sein d'un territoire
Qui se montre sensible au bonheur, à la gloire,
De cette France chère à tout homme d'honneur.
Ainsi, pour satisfaire au penchant de son cœur,
Il faut que le Français fixe sa résidence
En des lieux non soumis à toute autre influence
Que celle du pays qui lui donna le jour,
Et pour lequel il a le plus constant amour.
A la France il faut donc diverses colonies,
Qui du joug étranger se trouvent garanties,
Par notre pavillon, toujours si plein d'ardeur
Pour ce qui de l'Etat augmente la splendeur :
Elles doivent fournir à la mère-patrie
Tout ce dont a besoin son immense industrie.
Son commerce, ses arts, devenus si brillans,
Réclament, d'outre-mer, des produits importans,
Qu'il faut qu'aillent chercher les navires de France,
Aux plages où nos lois exercent leur puissance.

L'Angleterre en ses mains tient le trident des mers :
Le bronze ainsi la montre aux yeux de l'univers.

Ce trident n'est donc plus dans les mains de Neptune !
Albion, c'est donc toi qui fixe la Fortune !
Tu n'asserviras point la Gloire, ni l'Honneur,
Et tu ne pourras point enchaîner la Valeur.
Si l'on voit dans ta main le sceptre du Commerce,
Prends garde que sur toi le monde ne renverse
Le Colosse étonnant de ton vaste pouvoir,
Qui ne satisfait pas encoré ton espoir.
La France, que protège un bienfaisant génie,
La France avec le Monde est en bonne harmonie,
La France sait combien son brillant pavillon
Est chéri, respecté de chaque nation.
L'Univers tout entier admire la vaillance
Des marins que fournit cette immortelle France ;
Et toi-même, Albion, tu sais que nos vaisseaux
Ont souvent moissonné les lauriers les plus beaux ;
Qu'en tous lieux on les voit pleins d'une ardeur loyale;
Que pour le genre humain leur zèle se signale.

Un jour, Napoléon, je l'ai manifesté
A l'un de ces préfets que ta sagacité
Choisit pour gouverner cette enceinte admirable,
Dont ma Muse veut faire un tableau remarquable :
Un jour j'exprimai, dis-je, à ce grand magistrat,
Qu'incomplète serait la gloire de l'Etat,
Tant que notre Marine, à mon âme si chère,
Serait inférieure à celle d'Angleterre.
Alors j'applaudissais un projet excellent,
Que vous vintes offrir, avec bien du talent,

Comte Caffarelly, plein d'ardeur magnanime
Pour ce qui rehaussait notre éclat maritime.

La Marine est pour l'homme une vocation
Que la patrie accueille avec distinction.
Il faut à ce bel art vouer son existence
Lorsque la vie encore est dans l'adolescence.
Le marin doit avoir plus d'une qualité ;
A la bravoure il doit joindre la fermeté :
Quel zèle, quel sang-froid et quelle vigilance
Le marin doit savoir unir à la constance !
L'homme de mer toujours est prévoyant, actif,
Soumis, intelligent, courageux, attentif.
On dirait qu'il est fait pour toutes les contrées :
Des palmes en tous lieux pour lui sont préparées ;
Il recueille partout et la gloire et l'amour :
L'univers tout entier est son vaste séjour.
Ce citoyen du monde est rempli de franchise,
Et la mâle fierté sur son front est assise.

Nul être, autant que lui, ne brave le trépas,
Et constamment la mort se trouve sous ses pas ;
Mais, protégé par Dieu, souvent ses destinées
Viennent aussi s'étendre à de longues années :
En tout pays il est autant de vieux marins
Qu'on peut y rencontrer des vieillards citadins.
Le marin a toujours une verte vieillesse,
Malgré tous les excès qu'a commis sa jeunesse.

L'air de la mer est pur : ce limpide élément
Forme toujours à l'homme un bon tempérament ;
Il assouplit le corps et le rend très-agile,
Et dans tout exercice un marin est habile.

Thétis, à ses amans vend bien cher sa faveur,
Et cependant pour elle ils sont remplis d'ardeur.
Que de privations, de dangers et de peine
Le métier de marin dans tout son cours entraîne !
Lorsque les élémens, contre vous conjurés,
Font que tous vos destins semblent désespérés,
L'homme ose résister à toute la nature,
Et souvent il l'emporte, en cette conjoncture.

Quel sublime talent que de dompter les flots,
Pour les faire servir aux desseins les plus beaux !
L'art des navigateurs est un art admirable,
Et cet art pour le monde est inappréciable.
Un grand homme de mer est un être étonnant,
Qui fait tout concourir à son but dominant.
C'est sur l'onde que vient s'agrandir le génie,
Et c'est là qu'il déploie une force infinie ;
C'est là que le sang-froid s'unit à la valeur,
Et que l'esprit fait voir toute sa profondeur :
Il pénètre le ciel, et mesure la terre.
Là, combien la science est utile à la guerre !
Là, Minerve toujours doit s'allier à Mars,
Et seule commander ses vaillans étendards,

Car la témérité, car la fougueuse audace,
Entraînent des revers que jamais rien n'efface ;
Tandis que les effets d'un courage prudent
Procurent à l'Etat un bonheur permanent.

O sort ! qui m'as placé dans une étroite sphère,
Combien tu fais souffrir souvent mon caractère !
Mon existence obscure, et livrée aux soucis,
Devrait être étrangère aux belliqueux récits ;
Mais le jour et la nuit mon âme est empressée
A saisir ce qui peut élever ma pensée :
Oui, le grand et le beau font palpiter mon cœur,
Et mon âme tressaille au seul nom de l'Honneur.

Dans l'état d'inertie où le sommeil nous plonge,
Un soir, Napoléon, tu m'apparus en songe,
Et tu me demandas de chanter tes exploits ;
Mais je te répondis que je serais sans voix,
Puisque toi-même avais, dans une circonstance,
Accueilli ma prière avec indifférence.
A mon reveil, je suis plus rempli d'équité :
Je sens ce qu'entraînait ta vaste autorité ;
Je sais que je te fis parvenir ma requête
Alors que tu tentais une immense conquête,
Qui pour ton pouvoir eut un fatal résultat,
Et qui causa des maux inouis à l'Etat.
Je sais que ton renom, qui dans le Monde éclate,
N'a nullement besoin qu'un pauvre bureaucrate

Vienne

Vienne emboucher pour toi le clairon belliqueux,
Ni vanter ce qu'offrait ton Empire d'heureux.
Combien de beaux écrits et d'histoires sublimes
Ont peint tes actions, tes sentimens intimes,
Et de la Renommée ont secondé la voix,
Pour te faire admirer des peuples et des rois,
Dans l'Univers entier, où ton rare courage,
Tes talens, recevront un éternel hommage !

FIN DU TROISIÈME CHANT.

C

BREST.

~~~~~~~~~~~~

CHANT QUATRIÈME.

COMBIEN, depuis trente ans, Brest a changé de face !
On le voit, chaque jour, embellir sa surface,
Et maintenant le goût préside à ces travaux,
Qui viennent élever des bâtimens nouveaux.
On aime à contempler ces vastes édifices,
Ces beaux hôtels publics, ces imposans hospices,
Créés d'après les plans de la sagacité,
Conçus avec génie, avec humanité.

Brest a droit d'espérer que le cours des années
Ne fera qu'augmenter ses hautes destinées.
Brest est du plus grand prix pour notre nation :
Ce lieu doit attirer toute l'attention
D'un gouvernement sage et plein de vigilance,
Qui veut sincèrement la gloire de la France.
Si Brest est loin du centre où tout vient aboutir,
Tout d'un fatal oubli devrait le garantir :
Tout devrait lui promettre un intérêt suprême,
Puisque du monde il est le point le plus extrême,

Et qu'il reçoit les coups des tempêtes , des mers ,
Et porte des secours aux bouts de l'univers.

Alors que la Marine est sur un pied hostile ,
Nos marins sont à Brest au moins soixante mille.
Qu'une semblable armée a droit d'intéresser !
Qu'à servir ses besoins l'Etat doit s'empresser !
Cependant on a vu , dans nos temps déplorables ,
Brest être dépourvu d'objets considérables ,
Qu'avaient à réclamer l'armement des vaisseaux ,
Ou que nécessitaient nos vaillans matelots.
Ah ! si vous aviez vu la misère profonde
Qu'en ces jours présentait ce premier port du monde !
Quelle confusion , quelle malpropreté ,
Régnait , dit-on , au sein d'une telle cité !
Quel désordre toujours amène l'anarchie !
Que la France tarda de s'en voir affranchie !

Quand des marins souffrans arrivent dans un port ,
Les hôpitaux sont là , pour adoucir leur sort :
Aux secours les plus prompts ils ont droit de s'attendre;
Ils ont droit d'espérer un intérêt bien tendre.
Rien n'est plus précieux qu'un marin , qu'un soldat,
Qui répandent leur sang pour défendre l'Etat ;
Rien n'a plus d'intérêt aux yeux de la patrie :
Elle est pour ces guerriers une mère chérie.
Cependant on a vu qu'en nos jours désolans,
Les hôpitaux de Brest étaient insuffisans :

Ils n'avaient pas été créés pour cet usage ;
Ils ne présentaient point alors tout l'avantage.
Que l'on devait attendre, en toute occasion ,
D'édifices formés pour la compassion.
Des tentes suppléaient au local des hospices :
Pouvait-on aux blessés les rendre bien propices ?
Combien n'a-t-on pas vu de braves matelots
Expirer, en ce temps , sur de durs charriots ,
Lorsqu'on les transportait dans une résidence
Dont la distance encore accroissait leur souffrance !
Les douleurs arrachaient de lamentables cris
A ces guerriers mourans pour servir leur pays.
Un homme généreux, plein de philantropie ,
Un véritable ami de sa noble patrie ,
Un Français éclairé, sensible , plein d'honneur ,
Nous dit que ce spectacle a déchiré son cœur ,
Bien souvent , lorsqu'à Brest il montra sa présence ;
Et dans ses sentimens , remplis de bienfaisance ,
Qui voulaient des humains qu'on soulageât les maux ,
Il demande qu'on crée ici des hôpitaux.
Tes vœux sont exaucés , mortel recommandable :
A Brest on fait construire un hospice admirable.
O Cambry ! de ton nom je veux orner mes vers ,
Puisque ton cœur avait des sentimens si chers ,
Et que tous les travaux de ton âme épurée
Hélas ! ont amené ta fin prématurée (1).

_____

(1) « M. de Cambry (auteur du *Voyage dans le Finistère*
en 1794 et 1795) était un des hommes les plus distingués par

Brest, alors que je peins ce qui fait ta splendeur,
Que d'objets différens s'offrent à mon ardeur !
Rien ne m'est étranger dans ce qui t'intéresse,
Et toute noble vue à mon esprit s'empresse
De s'offrir, à l'effet d'enrichir mon pinceau
De ce qui peut former un utile tableau :
Tout aime à se grouper dans mon cadre héroïque ;
L'Humanité sourit à mon feu poétique.

Les soldats de Neptune et les soldats de Mars
Bravent également de périlleux hasards :
Ils sont tous les soutiens de la chose publique,
Ils sont tous animés du feu patriotique ;

---

des connaissances très-variées, par l'amour des beaux-arts, et par des qualités aimables. Il employait une fortune considérable à cultiver les lettres et à encourager les jeunes talens qui s'adressaient à lui. S'il ue connaissait pas mieux que personne les origines françaises, du moins les avait-il étudiées avec un soin et une constance soutenus. Ses recherches en ce genre, ses travaux, ses ouvrages l'avaient porté à la présidence de l'Académie Celtique : il était persuadé que cette Société rendrait un jour de grands services à l'histoire, si elle continuait de donner à ses travaux une sage et utile direction. »

» Une attaque d'apoplexie l'a enlevé aux lettres à l'âge de 42 ans ; il était de Quimper, et avait épousé la veuve de M. Dodun, ancien Directeur de la Compagnie des Indes, femme aimable et qui partageait avec son époux le même goût des arts et les mêmes sentimens de délicatesse et de bienfaisance. »

(Note des Auteurs de la *Statistique du Finistère*, MM. Peuchet et Chanlaire.)

Des citoyens ils sont également chéris ;
Et devraient se traiter comme de vrais amis.
Cependant, lorsqu'ils sont dans une même enceinte,
La Discorde, souvent, cherche à porter atteinte
A cet accord parfait qui doit régner entr'eux,
Puisqu'ils sont de l'Etat les enfans généreux :
Oui, ces vaillans mortels, ces fils de la patrie,
Devraient constamment vivre en très-bonne harmonie.

Combien l'homme est cruel, dans l'ordre social,
Puisqu'un geste, un regard, un mot est si falal
Qu'il rend son cœur féroce, irrascible, implacable,
Et lui fait arracher la vie à son semblable,
Qui, dans le même instant, goûtait le doux plaisir
D'être son commensal et de s'entretenir
Avec lui, sans penser que sa main forcenée
Allait bientôt vouloir trancher sa destinée !
Quelle horrible fureur, qui ne fait pas songer
Que c'est un acte affreux que de s'entre-égorger !

Barbare point d'honneur ! l'Humanité t'abhorre.
Combien de temps, hélas ! dois-tu régner encore ?
L'homme se croit flétri, quand il est insulté ;
Mais d'un remords vengeur il se voit tourmenté
Quand il donne la mort dans l'arène cruelle,
Où le conduit hélas ! une indigne querelle.

O duellistes ! combien vous semez de regrets ;
Par vos funestes coups, par vos sanglans effets !

Que votre adresse, hélas ! pour l'homme est désastreuse !
A combien vous causez une douleur affreuse !
Lorsqu'un être par vous est mis dans le cercueil,
Combien d'autres mortels sont plongés dans le deuil !
Votre succès fatal, qu'on doit nommer un crime,
Semble immoler, d'un coup, bien plus d'une victime :
Combien d'êtres par vous sont dans le désespoir !
La loi, de vous punir, se fait un saint devoir ;
Mais elle ne peut point, par toute sa puissance,
D'un père, d'une mère, adoucir la souffrance.
Que de jeunes mortels votre barbare main
N'a-t-elle pas ravis à l'autel de l'Hymen !
Quand vous percez le cœur de votre antagoniste,
Vous avez à gémir d'un succès aussi triste.

FIN DU QUATRIÈME CHANT.

BREST.

CHANT CINQUIÈME.

La France est de tout temps le boulevard du Monde,
Par sa position sur la terre et sur l'onde.
Sentinelle avancée au bout de l'univers,
Elle conservera la liberté des Mers.
Commandant aux destins d'un peuple fort et libre,
Elle sait, des États, rétablir l'équilibre.
Des lumières, des arts, elle est le vrai foyer :
Elle en montre les feux aux yeux du globe entier.
La Terre voit déjà combien notre influence
Facilite aux Etats une heureuse existence,
Et veut leur garantir une félicité
Qui seconde les vœux que fait l'humanité.

O mer ! qu'est devenu le noble La Pérouse ?
De sa grande entreprise étais-tu donc jalouse ?
Qu'as-tu fait de cet homme et de ses compagnons,
Dont je voudrais pouvoir célébrer tous les noms ?
A-t-il, en débarquant sur de lointaines plages,
Succombé sous les coups de leurs hordes sauvages ?

Le Ciel a-t-il permis que l'abîme des eaux
Engloutît les auteurs des projets les plus beaux ?
O *Boussole !* rends-nous ton sage capitaine.
Notre attente si longue, hélas ! elle est donc vaine !
Astrolabe, rends-nous ton chef, son digne ami.
Mais, hélas ! tu réponds que De Langle a péri
Par le forfait affreux d'une horde féroce,
Dont les dehors trompeurs cachaient une âme atroce,
Et qui vint lâchement massacrer, dans les flots,
Ce brave, qui voulait rejoindre ses vaisseaux.

La Pérouse, et vous tous, compagnons de son zèle,
Vous n'avez pu fléchir une mer infidèle ;
Elle est sourde à nos vœux, qui viennent l'implorer,
Et, depuis si long-temps, elle laisse ignorer
Où tant d'hommes, guidés par l'ardeur la plus pure ;
Ont cessé de jouir des biens de la nature.
Que vos mânes sacrés, ô généreux mortels !
Trouvent dans tous les cœurs des regrets éternels !

Combien votre entreprise était intéressante !
Que pour l'espèce humaine elle était importante !
Cette expédition promettait un succès
Qui devait augmenter l'amour du nom français.
Tout se réunissait pour la rendre prospère,
Tout semblait concourir à son but salutaire.
Le Roi, le plus humain qui soit né sous les cieux,
Avait lui-même écrit ses plans judicieux,

Dans lequel il formait le vœu le plus sublime
Que jamais puisse offrir une âme magnanime.
Il exprimait ces mots, qui lui font tant d'honneur :
« Rien, dit-il, ne pourrait plaire autant à mon cœur
» Que d'apprendre qu'aucun n'aurait perdu la vie
» Dans ce projet, dicté par mon âme attendrie. »
Hélas ! qu'un tel souhait fut loin d'être exaucé !

Dans l'admirable plan par mes soins retracé,
La Pérouse, ton cœur, animé d'un beau zèle
Brûlait de t'acquérir une gloire immortelle,
En te rendant utile à tout le genre humain :
Le Monde applaudissait ton généreux dessein.
Digne émule de Cook, et comme lui victime
D'un courage brillant et d'une ardeur sublime,
Tu venais explorer le vaste sein des mers ;
Pour accroître les biens que produit l'univers.
Mais deux événemens, d'une horrible nature,
Devinrent pour tes soins du plus funeste augure.
Hélas ! lorsque l'on veut servir l'Humanité ;
Devrait-on être en butte à la fatalité ?
En sondant de la mer les affreux précipices,
Tu paraissais agir sous les meilleurs auspices ;
Fameux navigateur, qui, depuis cinquante ans,
Obtiens de ton pays des regrets si touchans.
Deux funestes revers, à jamais déplorables,
Causent à tes projets des pertes effroyables.
Astrolabe et Boussole, hélas ! tes deux canots
Sont, presque au même instant, engloutis dans les flots.

Vingt-un braves mortels, ensevelis dans l'onde,
Te causent, La Pérouse, une douleur profonde.

D'Escures, tu péris, par ce cruel malheur :
Deux frères opulens, pleins d'une noble ardeur,
Volent à ton secours, mais l'aveugle Fortune
Les immole soudain, dans le sein de Neptune.
Généreux De Laborde, on ne peut que bénir
Cet admirable élan, qui vous a fait périr.
Vous méritiez, hélas ! une autre destinée ;
Votre existence était d'amour environnée :
Les plus tendres parens plaçaient leur doux espoir
Et dans votre courage et dans votre savoir.
Un instant a détruit leur juste confiance,
Et votre perte a fait pleurer toute la France.

Neveu de La Pérouse, ô jeune infortuné !
Toi, qui pour les beaux faits étais passionné,
Brave de Montarnal, on doit à ta mémoire
Le souvenir touchant que réclame la gloire.
La Pérouse voyait en toi son seul parent
Qui vint servir l'Etat sur l'humide élément :
Il ressentait pour toi la tendresse d'un père,
Et pour lui tu montrais l'amour le plus sincère.
Tu péris au milieu d'effroyables brisans,
Contre qui les secours furent tous impuissans.

Ah ! quel funeste sort est aussi ton partage,
De Pierrevert, doué d'une âme forte et sage !

Tu meurs, hélas ! tu meurs, englouti par les flots,
En venant te livrer à d'utiles travaux.
Neveu du grand Suffren, quelle noble espérance
En ta personne avait la marine de France !
Combien tu méritais d'avoir des jours nombreux,
Puisque ton cœur était vaillant et généreux !

O savant Lamanon ! toi, l'ami du sauvage,
Devais-tu succomber sous son aveugle rage ?
Combien tu fus trompé, par la feinte candeur
De ceux à qui tu dois ton terrible malheur !
Ils valent mieux que nous, disait ton âme aimante;
Mais tu connus bientôt leur audace alarmante :
Et ta mort déplorable est un événement
Que la science a dû sentir bien vivement,
Et qui vient de mon cœur augmenter la tristesse.
Reçois tous les regrets qu'à t'offrir je m'empresse.

Perfide Maona, séjour trop attrayant,
Pourquoi n'offris-tu pas un aspect effrayant,
Alors qu'on découvrit ton île criminelle ?
On n'eût point abordé ton enceinte cruelle.
Tant d'hommes généreux, massacrés sur tes bords,
Eussent continué leurs louables efforts.

Toi, De Langle, martyr de trop de confiance,
Ah ! quelle cruauté te ravit l'existence !
Et quelle barbarie, en ce fatal instant,
Fait un outrage affreux à ton corps palpitant !

Tu méritais d'avoir le sort le plus prospère ;
Par tous les sentimens qu'offrait ton caractère.

Dans l'intéressant cours du trop sombre récit
D'une expédition qu'un bon Roi prescrivit ,
Il me serait bien doux d'honorer la mémoire
De tous ceux qu'on a vus prendre part à la gloire
Du mortel renommé , que célèbre mon cœur ,
Et qui fera toujours gémir sur son malheur.
Malgré le noble prix des vertus généreuses ,
Que vinrent déployer ces victimes nombreuses ,
Tant de noms ne pourraient par ma Muse être offerts ;
Mais il faut signaler encore dans mes vers
Quelques mortels remplis d'amour pour la science,
Qui veut leur conserver de la reconnaissance.

Mongès et Receveur, Dufresne et Collignon,
Bernizet, d'Agelès , Monge et de Monneron ,
Et leur émule encor, vous, de la Martinière,
Tous français éclairés , quelle vaste carrière
Vous alliez parcourir, si le destin jaloux
Ne vous eût fait tomber sous ces terribles coups !
O savans ! dont le zèle était infatigable ,
Combien vous méritez un souvenir durable !
La nature par vous dévoilait ses secrets ,
Et par vous la science eût fait de grands progrès.
En vous associant à l'entreprise immense ,
D'où devait rejaillir tant d'honneur sur la France,

La Pérouse montrait que son discernement
Savait apprécier le plus rare talent.
Pourquoi faut-il qu'un homme aussi grand, aussi sage,
N'ait point pu terminer son précieux voyage ?

Si j'ai flétri ton nom, indigne Maona,
Je dois bénir le tien, bienfaisant Kamtschatka :
Ton sol hospitalier a droit à mon hommage :
De mon amour pour toi reçois ce faible gage.
Tu fis à La Pérouse un accueil si touchant,
Que je dois t'en louer, en terminant ce chant.
Deux excellens mortels, nés dans la Moscovie,
Faisaient, dans ton séjour, honneur à leur patrie,
Par leur instruction, par leur humanité,
Leur zèle affectueux, leur amabilité.
Ces deux Russes étaient les chefs de ta contrée,
Et de respect pour eux mon âme est pénétrée.
J'aime à vous signaler, bienveillant Kaboroff,
Ainsi qu'à vous citer, chérissable Kasloff.
Quelle estime pour vous ressentit La Pérouse,
Qui bénit les vertus de votre digne épouse,
O noble Kaboroff ! et trouva près de vous
La parfaite bonté, sentiment le plus doux.
L'âme de ce Français se montrait attendrie
D'un accueil si flatteur, fait dans la Tartarie,
Où le célèbre Cook reçut, précédemment,
Un accueil que l'on doit applaudir vivement.

Fin du cinquième Chant.

BREST.

~~~~~~~~~~

CHANT SIXIÈME.

Deux fois de Brest encore une brillante élite
S'élance avec ardeur sur le sein d'Amphitrite,
Et va redemander aux différentes mers
Ce La Pérouse, objet de sentimens si chers.
Mais tout de ce mortel cache la destinée ;
Tout semble présager sa fin infortunée.

O vous, d'Entrecasteaux et Dupetit-Thouars,
Vous vintes affronter de périlleux hasards,
Afin d'interroger les abîmes de l'onde,
Sur l'Expédition que bénissait le Monde,
Et qu'avait ordonnée un prince vertueux,
A qui l'Humanité fit entendre ses vœux !
Mais, hélas ! les efforts d'un zèle si louable
Furent loin d'obtenir un accueil favorable
A l'intérêt touchant qui vous faisait agir,
Et que l'homme de bien doit toujours applaudir :
La Terre à vos vaisseaux n'offrit que des disgraces ;
Vous ne parvintes point à découvrir les traces

D

De cet être si cher à l'amour des Français;
Combien vous méritiez le plus heureux succès !

Brave de Kermadec, on te doit un hommage :
D'Entrecasteaux te vit partager son courage,
Dans la haute action qui lui fait tant d'honneur,
Et rend l'âme sensible à toute ton ardeur.
La *Recherche*, sous lui, fendait le sein de l'onde,
Et voulait parvenir aux limites du monde ;
L'*Espérance*, sous toi, secondait son essor,
Et semblait ressentir ton louable transport.

Ces frégates n'ont point revu les bords de France ;
Mais leur course n'a pas été sans influence
Pour le puissant progrès des lumières, des arts :
De ces deux bâtimens, si chers à tant d'égards,
Ma Muse ne sait point quelle cause ennemie
Empêcha le retour au sein de la patrie,
Qui de leurs dignes chefs a déploré le sort.

Vos efforts généreux ont causé votre mort,
Intrépides marins, que ma Muse signale :
Rien ne peut donc fléchir cette Parque fatale,
Dont la terrible main moissonne les héros,
Avant qu'ils aient pu voir s'achever leurs travaux.

De deux sages mortels, animés d'un beau zèle,
Ravis à vos vaisseaux, dans leur course immortelle,
Ma Muse veut aussi déplorer le trépas :
Leurs noms sont révérés, ils ne périront pas.

Ventenat et Pierson, vos nobles connaissances
Ne pouvaient qu'enrichir l'empire des sciences :
Que n'attendait-il pas de votre dévouement,
Et combien son espoir avait de fondement !
Mais une autorité tyrannique, ombrageuse,
Hélas ! paralysa votre ardeur généreuse :
La persécution fit gémir votre cœur,
Et votre être, qui fut accablé de langueur ;
Succomba, loin du sol de sa douce patrie.
Ah ! combien de vos maux elle fut attendrie !
Combien tout l'univers devait vous protéger !
Et quelle indignité que de vous outrager !

De Rossel, distingué par un rare mérite,
A vanter ton savoir ma Muse aussi m'excite :
Tu nous as conservé le récit des travaux
Que l'intérêt public doit à d'Entrecasteaux.
Compagnon de sa gloire, on voit ton noble style
Nous peindre une entreprise aussi vaste qu'utile.
Eloquent écrivain, dans bien d'autres écrits,
Des belles actions tu rehausses le prix.

O Dupetit-Thouars ! ton noble caractère
Devait être applaudi de la nature entière :
Ta générosité fait le plus grand honneur
A ton âme sublime, et pleine de valeur ;
Tu vins faire aux Français un appel mémorable,
Pour les faire souscrire au projet admirable
Que tu formas d'aller explorer tant de mers,
Pour chercher La Pérouse, au bout de l'univers.

Afin de te livrer à ce noble exercice,
De tes biens on te voit faire le sacrifice :
Tu vends ton patrimoine, avec empressement,
Pour concourir aux frais d'un touchant armement.
Un de tes frères, (1) plein du plus louable zèle,
Imite, avec amour, une action si belle;
Et notre Roi, dont l'âme offrait tant de grandeur,
Se plut à seconder ta chérissable ardeur.
Mais du Brésil, bientôt, le pouvoir tyrannique
Arrêta ton essor, aussi pur qu'héroïque :
Tandis qu'en ton trajet, pour toi si malheureux,
Tu venais d'exercer un acte généreux,
Envers le Portugal, en sauvant l'existence
A quarante mortels, soumis à sa puissance,
Ton bâtiment périt, par une trahison,
Qui fut le cruel prix de ta belle action.
Ici, tu ne trouvas qu'une terre ennemie,
Et ta liberté même ici te fut ravie :
Lisbonne fut le lieu de ta captivité,
Qui blessa fortement les droits de l'équité.
Le Portugal, cédant au vœu de ta justice,
Vint adoucir, plus tard, le grave préjudice
Causé par ses sujets à tes sages desseins,
Qui pour appui devaient avoir tous les humains.

Quand je pense aux dangers de ta vaste entreprise,
Mon âme, en la peignant, est pleine de surprise :

---

(1) M. *Aubert Dupetit-Thouars*, botaniste distingué.

Quels parages n'eût pas visités ton ardeur ;
Pour atteindre le but qui transportait ton cœur !
L'art des navigateurs demande un vrai courage ;
Mais qu'il en faut avoir un bien rare en partage,
Pour affronter des mers que l'on vient découvrir,
Ou que peu de mortels ont tenté de franchir !
Combien cette entreprise est touchante et sacrée,
Lorsqu'à servir le Monde on la voit consacrée !
Est-il un héroïsme aussi grand, aussi beau,
Que celui dont Thétis allume le flambeau,
Pour donner aux humains le bienfait des lumières,
Pour aplanir partout ces funestes barrières
Qui, par la barbarie, existaient en tous lieux,
Afin de diviser tant de peuples entr'eux ?
Tout veut se réunir, pour le bonheur du monde,
Et, ce noble projet, la Vertu le seconde :
Elle triomphera, par le grand ascendant
Que lui donne à jamais son but si consolant.

Quels obstacles le Bien rencontre sur la terre !
L'ignorance en tous lieux lui déclare la guerre :
Partout les préjugés, la routine, l'erreur,
Veulent de la Science anéantir l'ardeur.
Elle a pour ennemis encor le fanatisme ;
Elle a pour opposans aussi le despotisme :
Enfin tout ce qui veut dégrader les mortels,
Voudrait à l'Ignorance élever des autels ;
Mais de l'Humanité les grandes destinées
Ne peuvent par le Mal se trouver dominées.

Le genre humain demande à se régénérer :
Par de nobles clartés on le doit éclairer.

Un invincible attrait encore me rappelle,
La Pérouse, vers toi, dont j'admire le zèle.
Je ne puis me lasser de louer ton ardeur,
Pour accomplir le vœu qu'avait formé ton cœur.
Quels périls renaissans combattit ta prudence !
Que ne devrait-on pas à ta persévérance,
Si le Ciel eût voulu prolonger tes destins,
Pour te faire remplir tes importans desseins !
Trois ans auraient suffi, pour la grande entreprise
Qu'à ton zèle éclairé Louis avait commise.
Tu comptais revoir Brest, après tous tes travaux.
Avec quel plaisir Brest eût revu tes vaisseaux !
Son port se fût ému par ta noble présence,
Après tous les dangers d'une si longue absence.
Le plus cruel malheur, hélas ! t'a poursuivi.
Maintenant tout espoir à nos vœux est ravi.

BREST.

Le Commerce de Brest a de l'accroissement :
Il n'avait dans son sein nul établissement ;
Le port de Brest était seulement militaire ;
Mais on a reconnu qu'il était nécessaire
Qu'un point si populeux, si fort intéressant,
Devint, de plus en plus, un lieu très-commerçant,
Et Brest a, de nos jours, senti tout l'avantage
D'amener dans ses murs son propre cabotage.
Cette ville reçoit ainsi, directement,
Ce qui de son commerce est le riche aliment ;
Mais l'arrivée ici de toutes les denrées,
Qu'on y fait parvenir de diverses contrées,
Demanderait un *quai*, sans réserve affecté
Aux bâtimens marchands que voit cette cité.
Brest, il faut t'accorder ce que ton vœu désire,
Puisqu'au bien de l'Etat ce bienfait ne peut nuire,
Et qu'il est très-urgent, pour ta félicité,
De redoubler encor ta grande activité.
Ta population, qui s'est fort augmentée,
A plus de monde encore un jour sera portée.

Plus des mortels chez toi le nombre s'accroîtra,
Plus toute la Bretagne aussi s'enrichira,
Plus la fertilité deviendra son partage.
D'un résultat si beau mon âme a le présage.

De ce Brest, où toujours se portent mes regards,
Je voudrais que l'on vint reculer les remparts :
Cette ville a besoin de se voir agrandie;
Une telle action serait fort applaudie
Par tous ses citoyens, chers à l'autorité
Qui veille constamment à leur prospérité.

Achevez le Canal qui va de Brest à Nantes,
Et vous ferez fleurir ces cités importantes.
Ce canal, dans son cours, viendra fertiliser
Le terroir que ses eaux désirent d'arroser.
Un tel canal, sur Brest aura cette influence
Qu'on le verra verser dans son sein l'abondance.
Si l'ennemi venait bloquer ce port fameux,
Le canal deviendrait encor plus précieux,
Puisque, d'après le but auquel on le destine,
On pourrait, sans danger, porter à la Marine
Tout ce qui formerait l'objet de son désir,
Et son service alors ne saurait point souffrir.

Tout ce qui peut de Brest accroître la puissance
Est fait pour exciter l'intérêt de la France.
La science navale appelle tous les arts,
Et pour elle on les voit venir, de toutes parts,

Témoigner leur ardeur, signaler leur génie,
Afin de satisfaire au vœu de la patrie :
Aussi, pour accomplir ses destins si brillans,
Combien Brest en ses murs a d'hommes à talens,
Et quelle activité chacun ici déploie !
L'homme à servir Thétis avec zèle s'emploie.
Neptune donne à tout un essor vigoureux :
Il sent que ses projets sont tous impérieux ;
Que, si tous ont besoin d'invoquer la prudence,
Tous doivent pour moteur avoir la vigilance.

Que de milliers d'humains, dévoués à Thétis,
On voit chez nous servir l'intérêt du pays !
Quelle prospérité tu dois à ta Marine,
O France ! que le Ciel aux grands travaux destine !
Tous les biens de la terre, apportés dans ton sein,
Me font voir avec joie un généreux marin.

Sans la Marine, hélas ! que deviendrait le Monde ?
Il serait de misère une source féconde.
La barbarie encor couvrirait l'univers
Si jamais des vaisseaux n'eussent franchi les mers.
La navigation rapproche et civilise
Tout ce qui se soumet à sa grande entreprise.
Le Ciel même s'étonne en voyant ses travaux,
Qui semblent commander au monarque des eaux.

La science navale est un élan sublime,
Que l'intérêt public en tous les temps anime.

Rien jamais ne peut mieux servir l'Humanité
Que d'étendre partout cette félicité
Qui de tous des mortels est la suprême essence,
Et remplit des desseins chers à la providence.

Après l'art que l'on voit féconder les guérets,
L'art le plus précieux, par ses nombreux bienfaits,
Est celui qui franchit le vaste sein de l'onde,
Pour conquérir des biens nécessaires au monde,
En bravant des dangers qu'on ne peut définir,
Et dont l'idée est propre à nous faire frémir.

La Marine à nos soins toujours se recommande,
Elle a sur la patrie une action bien grande,
Et jamais on ne doit entraver son essor.
La langueur est pour elle un principe de mort.
Son généreux élan, que l'honneur encourage,
A tout l'Etat procure un immense avantage.
Le pavillon français, symbole glorieux,
Appelle les humains à devenir heureux.
La France jouira du bonheur de la Terre.

On veut éteindre enfin le fléau de la guerre :
Qu'un désir si touchant est digne d'un grand cœur !
Il doit vous procurer un éternel honneur,
O généreux mortels ! (1) dont l'âme noble et pure
Sait entendre si bien la voix de la nature.

_____

(1) L'abbé de Saint-Pierre, membre de l'Académie française,
auteur du *projet de paix perpétuelle ;* et M. de Sellon, de Genè-
ve, fondateur d'une société pour l'extinction de la guerre.

Mais, hélas ! que vos vœux sont loin d'être exaucés !
Peuples ! encor long-temps vous serez empressés
A suivre l'étendard que déploiera Bellone.

D'un rivage imposant la France se couronne :
Le destin l'a placée en face d'Albion,
Qui souvent redouta notre position.
La France est un Etat belliqueux, maritime,
Et de sa force elle a le sentiment intime ;
Ses soldats, ses marins, enflammés par l'honneur,
Ne voient rien d'impossible à toute leur ardeur ;
Sur sa frontière elle a de brillantes armées.
Si ses flottes souvent se trouvent désarmées,
Le commerce entretient l'élan de ses marins,
Que retrouve l'Etat, dans ses pressans desseins.

La France ne peut pas négliger sa Marine
Sans de son territoire entraîner la ruine.
Pour l'intérêt puissant de cent peuples divers,
Elle doit surveiller le domaine des mers :
Leur bien-être et celui de la cause commune
Font aimer aux Français l'empire de Neptune.

La patrie a des ports d'un admirable éclat,
Et qui sont devenus précieux à l'Etat ;
Brest est un point qui doit être à jamais prospère :
Son enceinte toujours aux Français sera chère.

FIN DU SEPTIÈME CHANT.

BREST.

CHANT HUITIÈME.

Ah ! quel sinistre bruit ici vient se répandre !
Un terrible incendie a donc réduit en cendre
Cet immense dépôt d'attributs précieux
Que la Marine avait dans ce port glorieux,
Qui, depuis quelque temps, occupe ma pensée (1).
Sous un cruel chagrin mon âme est oppressée.

Muse, prends tes pinceaux de tristesse et de deuil :
Ta douleur doit partout avoir un noble accueil ;
Tes pleurs attendriront chaque âme généreuse :
Tâchons de retracer cette nuit désastreuse,
Où les sons alarmans du tambour, du tocsin,
O Brest ! ont répandu tant d'effroi dans ton sein.

La nuit déjà régnait, alors que l'épouvante
Dans la ville a semé la nouvelle effrayante
Que sur le port éclate un grand embrâsement.
Chacun est consterné d'un tel événement.
L'Arsenal est en feu ! dit la foule éperdue.
La population sur le port s'est rendue :

Elle voit que la flamme est prête à dévorer
Tout ce dont l'arsenal aimait à s'entourer.

A vingt mille de là les flammes s'aperçoivent :
Que d'alarmes alors les citoyens conçoivent !
De tous les points voisins de cet embrâsement ;
La population se lève en un moment,
Pour venir exercer toute sa vigilance
Aux lieux où l'incendie offre sa violence :
On dirait qu'il présente un foudroyant volcan.
De tant de citoyens, le généreux élan,
Pourrait bien terrasser une armée ennemie ;
Mais étouffera-t-il un terrible incendie,
Qui pourtant, isolé, ne peut anéantir
Tout ce que par sa rage il désire engloutir ?

On craint, surtout, on craint, en cette circonstance,
Que le vaste incendie atteigne Recouvrance ;
Mais à l'égard de Brest on craint plus fortement
Les effrayans dangers de cet embrâsement,
Car la flamme vers lui paraît vouloir s'étendre.
Nos superbes vaisseaux vont être mis en cendre,
Si le souffle des vents vient diriger sur eux
Ces combustibles corps qui s'élancent des feux.
La flamme par les vents voudrait être excitée ;
Mais par un Dieu puissant leur force est arrêtée ;
Et l'incendie alors concentre sa fureur
Dans le local en proie à sa fatale ardeur.

Pour sauver l'Arsenal, quel zèle se déploie !
Mais le feu ne veut pas abandonner sa proie :
Plus il est combattu, plus il est irrité,
Tant il veut se venger de se voir tourmenté.
Tout ressent les effets de sa force indomptable :
L'eau contre lui n'est plus un agent formidable ;
La flamme détruit tout, et, par elle fondus,
Les métaux différens, ensemble confondus,
S'écoulent en ruisseaux, et sortent de l'enceinte
Qui de l'embrâsement sent la funeste atteinte.
Cratère désolant ! tu vomis tant de feux
Que tu sembles vouloir épouvanter les Cieux.
En deux heures on voit ta grande violence
Dévorer ce qu'offrait cet édifice immense,
Dont le funeste sort vient accroître mes chants ;
Qui ne s'attendaient pas à ces tableaux touchans,
Alors que je conçus le projet estimable
De célébrer un port aussi sûr qu'admirable.

Tout ce que renfermait ce superbe Arsenal,
Tout est anéanti par l'élément fatal
Dont se sert en tous lieux l'affreux incendiaire,
Qui doit être en horreur à la nature entière :
Ces tubes fulminans, dont s'arment les guerriers,
Ces foudroyans canons, ces terribles pierriers,
Ces glaives des combats, ces lances redoutables
Ces haches de la mort, instrumens implacables
Du courroux de Bellone, ont été consumés
Aux yeux des citoyens, paisibles, alarmés.

Le crime a-t-il causé ce préjudice immense,
Ou faut-il accuser la seule négligence
De cet événement, qu'on ne peut concevoir,
Et que l'œil vigilant n'a pu, dit-on, prévoir ?
Si l'on doit ce malheur à quelque main coupable,
Pourra-t-elle trouver un voile impénétrable
Pour couvrir son forfait, lâche autant qu'odieux,
Et sur qui nul Français ne peut fermer les yeux ?
Mais laissons des soupçons peut-être téméraires,
Et rendons notre hommage à des vertus bien chères.

Voyez-vous s'élancer au milieu de ces feux,
Pour un noble motif, tant d'hommes généreux !
De l'édifice énorme ils atteignent le faîte :
La flamme en tourbillons environne leur tête,
Au-dessous de leurs pieds ils la voient sans frémir.
Ils voient qu'elle pourrait soudain les engloutir.
Elle consume tout, et redouble de rage ;
Mais elle ne peut point affaiblir leur courage.
Ils veulent la combattre avec un plein succès,
Quand des torrens de feu, leur fermant tout accès,
Prétendent dévorer le mortel intrépide
Qui cherche à s'opposer à leur fureur avide.

Près de vingt officiers ont voulu partager
Le péril où beaucoup sont venus s'engager :
De ces valeureux chefs le zèle remarquable
A le droit d'obtenir un souvenir durable.

J

Je citerai vos noms, Le Tourneur, Marinier,
Lettré, Rousseaux, Picard, et Delmotte et Fournier.
Ma muse doit offrir à vous le même hommage,
Puisqu'aussi vous avez déployé du courage,
Collet, Chabaud-Latour, Le Calloch et Mouroux,
Leborgne, de Poli, Gattier, Vassal et Roux (2).

Beurrier (3), par son sang-froid et par sa vigilance,
A rendu très-utile, en ce lieu, sa présence.

Le brave Quiniou (4), cher à l'humanité,
Pour son rare courage a droit d'être vanté :
Aussitôt qu'à ses yeux éclate l'incendie,
Il vient se présenter, pour exposer sa vie,
En voulant pénétrer au sein de l'Arsenal.
Voyant que l'on s'oppose à ce dessein loyal,
Quiniou, n'écoutant que son vœu salutaire,
S'élance dans les flots, afin de satisfaire
Son désir d'être utile, en ce fatal moment :
D'une pompe il s'empare, et revient promptement
Combattre les progrès que faisait l'incendie.
A ses nobles efforts Vièle alors s'associe.
Là, différens dangers les menacent tous deux,
Et des gouttes de plomb tombent souvent sur eux.

A des titres divers, Quiniou m'intéresse :
Toujours à secourir, ce citoyen s'empresse ;
De combien de mortels il a sauvé les jours,
Qui dans les flots, hélas ! allaient finir leur cours !

E

Il m'est doux de payer un tribut équitable
A cet homme, qui montre une ardeur admirable.

Jobert (5), par votre exemple et votre activité,
L'embrâsement s'est vu, sur un point, arrêté :
Vous avez empêché, dans la menuiserie,
Les progrès que voulait y faire l'incendie.

Un marin, plein d'ardeur, dans les flots est tombé,
Et sous son cruel sort, hélas ! a succombé.
O généreux mortel ! est-ce donc là le gage
Que le Ciel réservait pour prix à ton courage ?
Tes parens désolés, pour adoucir leur deuil,
Ne pourront point verser des pleurs sur ton cercueil.
Ton nom m'est inconnu : vainement je désire
Que ma main bienveillante ici vienne l'inscrire.

Dieu ! j'en vois un qui court un imminent danger :
Puisse votre bonté daigner le protéger !
Posé sur une poutre, au fort de l'incendie,
Sa main veut la couper, pour calmer la furie
De cet embrâsement, vraîment dévastateur :
La poutre éclate, il tombe, et, par un grand bonheur,
Son corps n'est point blessé de la chute effrayante
Qu'il vient de supporter, sans montrer d'épouvante.
Ingrand (6), à ton mérite un hommage était dû :
A ta brillante ardeur ma voix a répondu.

Mazéas (7) aussi montre un dévouement louable ;
A plusieurs on le voit se rendre secourable :

Un bout de toit en feu, prêt à fondre sur eux,
Commande à Mazéas un dessein généreux :
Il cherche à renverser la toiture embrâsée.
Combien, en ce moment, sa vie est exposée !
D'une chute terrible on le voit menacé,
Et contre deux pignons il se trouve poussé;
Il se suspend, avec une étonnante adresse,
Et, pour le protéger, vivement on s'empresse :
On lui jette une corde, elle sauve ses jours.
Dans son hardi projet il persiste toujours.
A peine descendu, d'une pompe il s'empare,
Et lance l'eau partout où le feu se déclare ;
Il est infatigable, et ne cesse d'agir
Que quand aucun danger ne se fait plus sentir.

Tandis que ces Français déployaient tout leur zèle,
Un étranger montrait une ardeur non moins belle.
Audacieux Gomès (8) ! banni de ton pays,
Tu dois, dans nos foyers, trouver de vrais amis.
Brest est ton noble asile, et pour lui tu signales
Toutes tes qualités courageuses, loyales.
Tout Brest a remarqué ta rare activité,
Tout Brest a reconnu ton intrépidité :
Entouré de débris, de flammes, de fumée,
Ton âme à tout braver se montrait animée,
Et ta main dirigeait, avec grande vigueur,
Le tuyau d'une pompe, au secours protecteur.
Du feu, tes vêtemens ont ressenti l'atteinte
Sans qu'on ait pu te voir accessible à la crainte.

En faisant ce tableau, comment ne pas songer
Aux premiers accourus dans ce pressant danger ?
Un noble empressement nous plaît, nous intéresse,
Et la publique estime au bien toujours s'adresse.
Le Moal et Gervais, Pesteau fils, Lamandour,
Vos noms ont bien des droits encore à notre amour ;
Et vous surtout, Poileux, le sang-froid, le courage,
Que vous avez montré méritait un hommage.

Hélo (9) soyez béni, pour les soins empressés
Qu'a donnés votre main aux citoyens, blessés.

L'intrépide Colasse (10) a payé de sa vie
Son zèle généreux contre cet incendie :
Le vaisseau le *Duquesne* est dans un grand danger ;
Mais ce brave officier cherche à le protéger
Contre la flamme prête à le réduire en cendre.
Les extrêmes efforts que tu fais pour défendre
Ce superbe vaisseau causent soudain ta mort,
Estimable guerrier, dont mon cœur plaint le sort.
Qui pourra consoler ta famille éplorée ?
Ta mémoire a le droit de se voir vénérée :
Quand on meurt pour servir son pays, sa cité,
On fait une action chère à l'humanité.

FIN DU HUITIÈME CHANT.

NOTES

DU CHANT HUITIÈME.

(1) L'incendie a éclaté le 25 janvier 1832, à huit heures et demie du soir. Ce n'est qu'à onze heures et demie qu'on est parvenu à se rendre maître du feu.

(2) Les 1.er et 3.e noms, placés dans ce passage, sont ceux de capitaines de vaisseau; les 2.e, 5.e et 7.e concernent des capitaines de frégate; les 4.e, 6.e 8.e, 9.e, 10.e, 12.e, 13.e et 14.e sont relatifs à des lieutenans de vaisseau; le 11.e est celui d'un capitaine d'artillerie de la marine; les 15.e et 16.e sont ceux de lieutenans en 1er du même corps. — M. Delmotte a été blessé à la main. M. Collet a eu une partie de ses vétemens brûlés.

(3) Capitaine des pompiers.

(4) Calfat au port.

(5) Débitant à Recouvrance.

(6) Matelot de la 3.e compagnie.

(7) Menuisier aux travaux maritimes.

(8) Bertold-Francisco Gomès, officier portugais, refugié.

(9) Chirurgien de première classe

(10) Officier d'artillerie.

OBSERVATION. Tous ces renseignemens sont tirés du Journal *Le Finistère*, des 26, 28 et 51 Janvier 1852.

BREST.

CHANT NEUVIÈME.

QUEL est celui qu'on voit montrer tant d'assurance
Sur un point du danger le plus en évidence ?
Une noble figure, un imposant maintien,
Sont les brillans dehors qu'offre ce citoyen.
Son zèle, son sang-froid, sa prévoyance active,
Rendent à ses desseins une foule attentive.
On le voit s'oublier dans le danger commun,
Pour l'intérêt public, et le bien de chacun.
On redoute pour lui le trépas qu'il affronte :
La flamme l'environne, et bientôt le surmonte.
On l'engage à quitter cet endroit périlleux,
Où l'avait fait placer un motif généreux ;
Le conseil qu'on lui donne, humain autant que sage,
De sauver ce mortel a le grand avantage :
Un mur contre lequel se trouvait, à l'instant,
Ce Français dont je peins le courage frappant,
S'écroule, par l'effet du terrible incendie.

Celui qui dans ce lieu pouvait perdre la vie ;

Et dont il m'est flatteur de faire mention,
Est un homme important pour notre nation ;
Il est de la Marine un chef recommandable,
Et Brest en lui possède un Préfet équitable :
C'est l'Amiral Roussin, plein d'affabilité,
Dont chacun doit bénir la sage autorité.

L'estimable Petot (1) a secondé le zèle
De celui dont je fais un portrait bien fidèle.

Le Général Janin s'est montré dignement
Au milieu des dangers de cet événement.

Pour Dumat (2) j'ai tremblé, dans une conjoncture
Qui vient de lui causer une grave blessure.
Il agissait avec un zèle intéressant :
Sur des hommes armés il tombe au même instant,
Et sa chute pouvait être la plus funeste.
Oui, l'on doit rendre grâce à la bonté céleste,
De ce qu'il n'est point mort dans un si grand danger,
Qui fait frémir, alors que l'on y vient songer :
D'un terrible instrument sa cuisse est traversée,
Par une bayonnette elle se voit percée.

Les Portugais, naguère arrivés du Brésil,
Veulent des citoyens partager le péril :
Ils viennent déployer une grande énergie,
Qui prouve leur amour envers notre patrie.
Corvette l'*Uranie*, on te voit leur fournir
Tes pompes, que soudain leur zèle fait agir.

O Floch ! (5) à ton ardeur une louange est due,
Et ma dette envers toi ne sera pas perdue.
Dans la confusion et dans l'encombrement
Que l'Arsenal offrait, en ce fatal moment,
De graves accidens étaient inévitables ;
Il en est quelques-uns qui sont bien déplorables,
Et mon sensible cœur a gémi sur ton sort,
Tout en applaudissant ton généreux effort :
Dans l'instant qu'on te voit te rendre très-utile,
Une hache, à ton pied, rompt le tendon d'Achille.

Deux jeunes citoyens ont, par leur dévouement,
Attiré les regards, dans cet embrâsement.
Il s'en est peu fallu qu'une mort bien cruelle
Ne payât de l'un d'eux le chérissable zèle.
Il échappe au trépas, par un rare bonheur,
Qui nous montre que l'homme a Dieu pour protecteur :
A peine d'une chambre il a quitté l'enceinte,
Que le plancher s'écroule, en cédant à l'atteinte
Du feu, dont ce mortel se voit alors couvrir.
L'autre Français et lui nous donnent le désir
De voir citer leurs noms, que l'on n'a pu connaître,
Malgré tout l'intérêt qui s'attache à leur être.

Le courageux Lambert (4) vient, une hache en main,
Affronter un péril qui n'est que trop certain.
On le voit déployer toute sa vigilance,
Et sauver des papiers d'une grande importance.
Sur le toit adjacent ensuite il est monté,
Afin de signaler son intrépidité :

Sa main dans la charpente a fait une coupure ,
Pour arrêter du feu la désastreuse allure.
Des ardoises , tombant, l'ont plusieurs fois blessé ;
Mais il n'en est pas moins au travail empressé.
Pendant qu'il s'occupait à son œuvre importante ,
On voit sous lui se rompre un morceau de charpente.
Cet appui lui manquant , il en est résulté
Qu'au milieu de la flamme il est précipité :
Un plancher embrâsé le reçoit dans sa chute.
Ce terrible accident n'a rien qui le rebute ,
Et soudain sur le toit Lambert vient remonter:
C'est encor pour agir qu'on le voit le quitter :
Des pompes sont par lui dans ce moment servies.;
Il couronne par là ses actions hardies.

D'autres braves, blessés., dans cette occasion ,
Méritent qu'en mes vers je fasse mention
De leurs noms , que je vais citer à la patrie.
Qu'il m'est doux de vanter votre mâle énergie ;
Alphonse (5) et Léostic (6) et Ropars (7) et Gestin (8);
Et vous, que l'on a vus partager leur destin ,
Drouillard et Quénéa (9) , mortels en qui l'audace
Dans un noble péril aime à trouver sa place !
Vous, Kervern et Brochet (10) , au même titre qu'eux;
Dans mon sincère écrit soyez placés tous deux.

Un Lusitanien , doué d'un grand courage ;
Se faisait remarquer, au milieu du ravage

De cet embrâsement ; mais son zèle éclatant
Paraît avoir causé sa perte, en cet instant :
Du moins, c'est-là le cri de la crainte commune,
Qui déplore avec moi la cruelle infortune
Du généreux mortel qu'elle croit immolé
Par les feux contre qui son bras s'est signalé.
O jeune Portugais ! objet de mon hommage,
Tu ne reverras plus les bords charmans du Tage !
Ta mère ne pourra recevoir tes adieux,
Et nul de tes amis ne fermera tes yeux ;
Ta cendre par aucun ne sera recueillie.
Ta mémoire par moi doit se voir accueillie,
Et, dans mon cœur ému, naît l'attendrissement
Pour le funeste prix d'un touchant dévouement (11).

Terminons le tableau d'une scène alarmante,
Et qui pouvait, pour Brest, être si désolante :
Le malheur que je peins pouvait, certes, offrir
Des maux bien plus cruels que ceux qu'il fait sentir.
Si les vents n'avaient pas retenu leur haleine,
De nos vaisseaux la perte aurait été certaine,
Malgré les prompts secours des hommes vigilans
Qui se sont signalés dans ces momens pressans,
Où tout peut devenir un aliment terrible
Pour un fléau qui veut se rendre indestructible.

Plus de deux cents mortels, dans cet événement,
Sont venus déployer un rare dévouement :
Que ne puis-je à chacun décerner un hommage !
La voix publique à tous a rendu témoignage :

Dans ses annales Brest a consigné leurs noms ;
Et cité, de chacun, les belles actions.
Les noms que dans mes chants j'ai passés sous silence
N'en ont pas moins des droits à la reconnaissance,
Qu'on a vue empressée à les recueillir tous :
Ici, de l'imiter, il m'eût été bien doux.

Brest, hélas ! paraît être un foyer d'incendies :
Seraient-ils donc causés par des trames ourdies
A l'effet de porter préjudice à l'Etat ?
Doit-on les regarder comme un tel attentat ?
Que sur ce port, la France ait l'œil ouvert, sans cesse,
Puisqu'un lieu si puissant constamment l'intéresse !

Fin du neuvième Chant.

NOTES

DU CHANT NEUVIÈME.

(1) Ingénieur des travaux maritimes.

(2) Matelot à la suite.

(3) Matelot à la 3.e compagnie.

(4) Second Maître de canonnage de la compagnie à la suite.

(5) Ancien cuirassier.

(6) Perçeur (dangereusement blessé).

(7) Aide-contre-maître (blessé à la main).

(8) (César) Canotier (s'est blessé en tombant à la mer).

(9) Calfat (dangereusement blessé).

(10) Le premier, aide-contre-maître, a été blessé à l'é-paule. Le second, canotier de l'intendance sanitaire, a fait une chute du 2.e étage, et s'est blessé.

Ces renseignemens sont puisés à la même source que celle indiquée à la fin des Notes du Chant précédent. Deux renseignemens, qui ne sont pas spécifiés ici, sont tirés du *Journal des Débats*, du 31 Janvier 1832.

---

(11) J'ai la satisfaction de pouvoir dire qu'on n'a pas la certitude que ce Portugais ait péri : je crois avoir été induit en erreur sur son sort, et je suis porté à penser que cet étranger est le même que celui qui est cité dans le 8.e Chant. Mais, néanmoins, je n'ai pas jugé à propos de supprimer ces vers, dictés par ma sensibilité.

SUITE DES NOTES DU CHANT NEUVIÈME.

Voici les noms des autres personnes que l'on a désignées relativement à l'incendie.

« Cheriner, gardien de bureau, a eu ses vêtemens en partie brûlés, en travaillant avec activité.

» Le Roy, sergent-major aux équipages, a donné les plus grandes preuves de dévouement.

» Polard (Yves), matelot à la 2.e compagnie, a travaillé avec activité sur les toits, où il est monté, à l'aide du conducteur du paratonnerre.

» On a remarqué Blin, pompier, François Lamour, aide-pompier, Robert Colette, voilier, Charles Colette, poulieur.

» On cite MM. Malmanche, Malau, armateur; Guilhem, Henri, négociant; Franco, maître d'équipage du vaisseau école.

» Le Moal, contre-maître; Talarmain, Quillion, contre-maître; Pellen, Cahagnon, Petton, charpentiers; Bergot, forgeron; Hossel, Guillarmon, contre-maîtres; Drouillard, aide-contre-maître; Garnier, Jean Houzé, Casas, charpentiers; Lesquivit, journalier; Pirion, contre-maître; Farineau, *idem;* Thomas, Leborgne, ouvriers modélistes; Le Bras, contre-maître forgeron; Rossel, aide-contre-maître; Colas, Le Goascoz, Lozier, charpentiers; Bronté et Marzin, calfats. Tous ces hommes, qui dépendent de la direction des constructions navales, ont constamment travaillé avec activité, étant tous soit au faîte, soit dans l'intérieur de l'édifice embrâsé. Le contre-maître Le Moal, qui est en tête de la liste, s'est distingué d'une manière toute particulière ».

NOTA. Tous ces renseignemens sont tirés du Journal *Le Finistère, du* 31 Janvier 1832. Il est possible que d'autres noms aient encore été mentionnés depuis, mais je les ignore, n'ayant pas vu les numéros subséquens de la feuille périodique dont il s'agit.

BREST.

~~~~~~~~~~~~~~~

CHANT DIXIÈME.

Brest est, depuis long-temps, le séjour des sciences :
Que de biens signalés en sont les conséquences !
Marguerye et Petit, Duval et Genouin,
Sabathien, Le Bègue, et Tredern et Granchin,
Vous formiez, en ces murs, une savante élite,
Qui voyait applaudir son précieux mérite.
Et vous La Prévalaye, et vous, Bruix et Billard,
Vous, Verdun-de-la-Crène, aussi vous aurez part
Aux éloges qu'on doit à cette Académie,
Dont vous-mêmes faisiez si noblement partie.
Quels regrets n'eut-on pas, quand cessa d'exister
Ce Corps, qu'à maintenir on devait persister.
Un vœu puissant nous dit qu'elle devrait renaître
Cette Société, dont j'aime à reconnaître
Les services rendus constamment à l'Etat :
A cette compagnie, offrant un pur éclat
Notre Marine doit une part importante
De tout ce qu'a produit sa carrière imposante.

Les anciens n'avaient pas proprement de vaisseaux,
Et tous leurs bâtimens n'étaient que des radeaux,
Où, sans discernement, s'entassaient leurs armées.
Ah ! combien les Hiérons, combien les Ptolomées,
Montreraient, en nos jours, de l'admiration,
S'ils voyaient ce que fait notre construction !
Nos modernes savans surpassent Archimède :
A leur profond génie il n'est rien qui ne cède.
Le goût le plus parfait anime leurs travaux,
Et les fait parvenir à des succès nouveaux.
Quelles combinaisons, quels talens admirables,
Il faut pour élever ces châteaux formidables
Que l'on voit dominer le vaste sein des mers !
Il faut, pour les créer, des prodiges divers.
L'invention de l'homme en merveilles abonde,
Et combien on la voit se rendre utile au monde !

Vous ne pouvez pas être oublié dans mes chants,
Qui pour un zèle pur sont très-reconnaissans,
Estimable Borda, que choisit Uranie,
Pour venir présider ces hommes de génie
Qui formaient un Conseil, dont les nobles travaux
Surent faire créer ces excellens vaisseaux
Que l'on a vus donner de l'éclat à la France,
Alors que Louis Seize exerçait sa puissance.
Près du ministre était cette institution,
D'un intérêt si cher à notre nation,
Qui veut voir prospérer sa puissance navale.
Depuis quinze ans et plus, la volonté royale

Est

Est venue abolir le respectable corps,
Pour qui je fais entendre ici quelques accords,
Et qui, depuis un siècle, offrait à la patrie
Des résultats qui l'ont grandement ennoblie.
L'Angleterre a prévu qu'un tel corps, dans son sein,
Ne pourrait qu'affermir le fortuné destin
Que possède aujourd'hui sa force maritime;
Ainsi, pour seconder le zèle qui l'anime,
Elle a, depuis seize ans, créé dans son pays,
Un corps comme celui qu'ici je définis :
Albion sent déjà l'important avantage
Que chez elle procure un tel Aréopage (1).

Ton port, que j'examine, ô Brest ! offre à mes yeux
Tout ce qui peut répondre à mes louables vœux.

Muse, voici le lieu qui sert à la Mâture;
On sait quelle importance il a par sa nature :
Les mâts à nos vaisseaux servent si puissamment
Qu'ils sont les points d'appui de leur vaste grément.
La hache a renversé le sapin de Norwège :
Il habita cent ans ces monts couverts de neige,
Et cent ans il brava, sur ces sauvages monts,
L'impétueux Borée et tous les Aquilons.
Son existence change et devient vagabonde :
Le voilà maintenant qui s'élève sur l'onde,

---

(1) Ces réflexions, sur le Conseil de construction, sont tirées
du *Dictionnaire de Marine*, par le vice-amiral WILLAUMEZ.

F

Et domine le front de ces châteaux ailés ;
Qui sur toutes les mers se trouvent appelés.
Il est encore en butte à toutes les tempêtes,
Et l'homme l'associe à de nobles conquêtes ;
Il partage avec lui des travaux éclatans,
Et s'étonne d'errer sur les flots inconstans.
Pour toute chose il est d'étranges destinées :
Ce sapin, dont s'étaient si long-temps couronnées
Les montagnes du Nord, est rendu voyageur,
Et va braver les feux que lance l'Equateur.
La foudre vient frapper sa cime audacieuse ;
Mais la foudre n'est plus aujourd'hui désastreuse
Pour ces corps imposans qui dominent les eaux :
Un art profond s'attache à conjurer les maux
Que dans le monde entier peut causer le tonnerre.
Franklin, que ta science est utile à la terre !
Et combien ton beau nom, qu'il m'est doux de bénir,
Laisse dans tous les cœurs un touchant souvenir !

   Que l'aspect de tes quais intéresse mon âme,
O Brest ! que chérit ma poétique flamme !
Quel appareil superbe est offert à mes yeux
Sur les immenses bords de ton port glorieux !
Que d'amas imposans de divers projectiles
Montrent à mes regards leurs attributs hostiles !
Ces canons, ces boulets, ces bombes, ces mortiers,
Qui sont là pour servir à nos projets guerriers,
Offrent je ne sais quoi, qui rend l'âme énergique,
Et semble l'animer d'un feu patriotique.

Combien de magasins et d'ateliers divers
Dans ce superbe port à mes yeux sont offerts !
Ces établissemens, de si haute importance,
A des travaux nombreux doivent leur existence :
Le sol qui les reçoit se refusait en vain
A les voir s'élever au milieu de son sein ;
Le roc vole en éclats, brisé par le salpêtre ;
L'aspérité du sol vient bientôt disparaître.
Mille robustes bras le savent aplanir :
Il cède à leurs efforts, qui le font retentir
Sous les coups redoublés du pic inexorable,
Et dès-lors on le rend pleinement favorable
A l'exécution des plus utiles plans
Que puissent enfanter le zèle, les talens.

Choquet, on rend hommage à votre intelligence
Pour la prospérité du premier port de France :
Tant d'édifices dûs à vos conceptions
Excitent l'intérêt pour ces créations.
On dit que Michel-Ange eût su beaucoup mieux faire;
Mais laissons la critique, au regard trop sévère,
Pour ne voir que le bien de vos sages travaux,
Que doivent applaudir vos plus savans rivaux.
L'Humanité, si juste, en toute circonstance,
L'Humanité vous cite, avec reconnaissance,
Pour avoir témoigné que votre noble cœur
Savait être sensible au plus affreux malheur (2).

---

(2) « Choquet-Lindu, ingénieur de la marine, a construit le
bagne de Brest en 1750 et 1751. C'est le premier bâtiment de

Les bagnes, en tous lieux, sont un local horrible,
Dont, pour la santé, l'air est funeste, ou nuisible :
Ainsi, c'est ajouter un rigoureux tourment
Au plus grave malheur, au plus grand châtiment.
Mais le bagne est à Brest un salubre édifice ;
Il est vaste, commode, entièrement propice
Aux vœux des surveillans, dévoués nuit et jour,
Pour la société, dans ce triste séjour.

FIN DU DIXIÈME CHANT.

---

cette espèce uniquement destiné pour les forçats, où l'on ait
allié la propreté, la sûreté, aux principes de l'humanité. Tour-
nefort parle du bagne de Constantinople, comme d'une des
plus affreuses prisons du monde ; le père Dran, de ceux de
Tunis, d'Alger et de Tripoly, avec les mêmes expressions. A
Marseille, à Toulon, les galériens n'ont point de bâtimens qui
leur soient uniquement destinés ; ils sont très-mal logés ».

Voyage dans le Finistère, en 1794 et 1795, par M. CAMBRY.

BREST.

CHANT ONZIÈME.

O MUSE ! qui chéris l'utilité publique ;
Allons porter nos pas au Jardin botanique.
On dit qu'il n'est pas loin de ces pénibles lieux.
Viens, les plus doux objets vont consoler nos yeux :
Mon cœur est attristé du spectacle terrible
Qui s'offre en ce moment à mon âme sensible ,
Et ton visage aussi montre de la douleur ,
A l'aspect de mortels réprouvés par l'honneur.

Entrons ici. Je vois un mortel estimable ,
Qui fait à mon dessein l'accueil le plus affable :
C'est lui qui, par ses soins , sait faire prospérer
Tant de fleurs, dont ces lieux aiment à se parer.
Le calme , la gaîté, que montre sa figure,
Font voir qu'il se complaît au sein de la nature ;
La bonté la plus vraie, empreinte sur ses traits ,
Offre de la vertu les aimables attraits.
Vivre au milieu des fleurs est la plus douce vie :
Jamais d'aucun regret on ne la voit suivie.

L'âme pure et tranquille, au sein d'un tel séjour,
A d'innocens objets prodigue son amour.
Là, tout est varié, charmant, sans imposture :
Tout y montre l'effet d'une heureuse culture,
Qui sait étudier les besoins, les penchans,
Des végétaux soumis à ses soins attachans,
Et qui sait ordonner ce que veut la science,
Pour des objets si chers à l'humaine existence.
Laurent, qui dirigez ce superbe jardin,
Quels progrès il a faits par votre habile main !
Il a pris sous vos yeux une face nouvelle,
Et la publique voix applaudit votre zèle.
Mon hommage sincère a droit d'être goûté
Par votre âme, qui sait aimer la vérité.

Cet établissement, de si haute importance,
Est un des plus complets de ceux qu'offre la France :
Au retour, nos vaisseaux rapportent dans ces lieux
Ce que divers climats ont de plus précieux
Parmi les végétaux dont leur sol se décore.
D'autres jardins royaux s'enrichissent encore
De ce qu'a dans ses murs celui que je dépeins.
Les végétaux ravis à des pays lointains,
Pour venir se fixer sur le sol de la France,
Et qui sont fatigués par un trajet immense,
Viennent se reposer au sein de ce séjour,
Qui les accueille avec un véritable amour,
En leur donnant les soins qu'exige leur essence,
Et que prescrit ici la sage expérience.

Vous, qui de ce jardin fûtes le créateur,
Courcelles, agréez l'hommage que mon cœur
Décerne à votre goût plein de sollicitude,
Et pour qui le public a de la gratitude.

Poissonnier, dont le zèle encor se fait bénir,
On a vu ce jardin, par vos soins, s'agrandir,
Et vous l'avez doté de différentes plantes,
Qui figurent parmi les plus intéressantes.
Mais, depuis vous, combien, pour sa prospérité,
N'a-t-il pas étendu sa vaste utilité!

Ministres bienfaisans, de Boines, de Sartine,
Vous cédâtes au vœu que formait la marine,
Quand vous fîtes accroître, embellir ce jardin,
Où les êtres souffrans ont un secours divin.

Admirable séjour, où tout nous intéresse,
A ton aspect on goûte une douce alégresse :
Pour jouir pleinement dans ce fortuné lieu,
Il faudrait que l'on fût disciple de Jussieu,
Lui que, par sa science, étonna Malesherbes,
Lorsqu'il porta ses pas dans les plaines superbes
De cette Batavie, où tant de végétaux
Sont venus conquérir le domaine des eaux (1).

_____

(1) M. de Jussieu, à qui je n'ai eu l'honneur de parler
qu'une seule fois, m'a dit que M. de Malesherbes, ayant fait
un voyage en Hollande, lui adressa, de ce pays-là, des végétaux, et accompagna cet envoi d'observations si savantes, sur la
botanique, qu'elles excitèrent son admiration.

Nobles amans des fleurs et favoris des plantes,
Vous, qui, par vos leçons profondes et brillantes,
Décrivez leurs vertus, dépeignez leurs attraits,
Je dois vous rendre hommage, ô célèbres mortels !
En venant pénétrer dans l'empire de Flore,
J'aime à me rappeler la gloire qui décore
Vos noms, chers à tous ceux que les plus doux penchans
Font toujours admirer ces objets attachans
Que l'on voit embellir le sein de la nature.
Peut-il s'offrir à l'homme une étude plus pure,
Qui flatte plus l'esprit, qui charme mieux le cœur,
Et qui doive pour elle inspirer plus d'ardeur ?

O savans ! vous formez plus qu'une centurie :
On doit à vos travaux une immense série
De recherches, de faits et de réflexions,
Véritable trésor offert aux nations.

Chérissables mortels, dont l'admirable zèle
Etend une science utile autant que belle,
Et sait en pénétrer les plus profonds secrets ;
Vous faites applaudir à ses brillans progrès.
Avec un charme pur vous savez nous instruire ;
Par des sentiers fleuris vous venez nous conduire
Dans une région dont la variété
Nous étonne encor plus que son immensité.

Toi, Linnée, ô combien ton âme poétique
Nous a fait admirer l'aimable botanique !

Je connais plus ton nom que tes nobles travaux.
Je te bénis, je t'aime, et chéris tes rivaux :
Entre d'illustres noms mon amour se partage.
Que je serais flatté, si j'avais l'avantage
De pouvoir méditer leurs écrits importans,
Qui sont sûrs de se voir goûtés dans tous les temps !

La science, en perçant les mystères des plantes,
Fait qu'elles sont pour nous bien plus intéressantes
Qu'avant que l'homme ait pu surprendre, deviner,
L'instinct des végétaux, qui vient nous étonner.

Botanique, combien ton doux attrait m'attire !
Pour donner quelque charme aux accords de ma lyre,
Desfontaines, Richard, que vos doctes leçons
N'ont-elles fécondé mes poétiques sons !

Contemplons, à loisir, ces aimables richesses,
Qui de la terre sont les touchantes largesses :
Quels trésors, en effet, offrent les végétaux,
Puisque du genre humain ils soulagent les maux,
Et qu'ils servent les arts avec tant de puissance
Que les arts périraient, sans la haute assistance
Qu'ils retirent toujours du règne végétal,
Qui nous importe autant que le règne animal !

Bien des plantes n'ont plus leurs formes élégantes :
La plupart ont perdu leurs corolles brillantes,
Et l'été, qui va fuir, altère les appas
De ces simples qu'on doit à différens climats.

Quelle fraîcheur encore est pourtant le partage
De tout ce qu'en ce lieu mon esprit envisage !
Il me semble encore être au milieu du printems,
En voyant des bouquets qui sont très-éclatans.
Ce climat, il est vrai, leur est fort salutaire :
Combien les végétaux aiment le Finistère !
Les Pléïades ici répandent leurs faveurs ,
Et les plantes alors s'ornent long-temps de fleurs.

Combien tout ce qui s'offre à mon âme empressée
Est fait pour agrandir et flatter ma pensée !
Que vos familles ont de noms harmonieux.
Plantes, sur qui ma Muse aime à porter les yeux !
Ces noms semblent formés par le Dieu de la Lyre :
En effet Apollon protège votre empire;
Chaque jour il sourit à votre aspect charmant,
Et fait étinceler votre éclat si brillant.
Votre étude est touchante autant qu'elle est utile;
Mais combien pour ma tâche est-elle difficile !
Comment approfondir vos nombreuses tribus ,
Et comment pénétrer vos divers attributs ?
Je ne puis seulement classer dans ma mémoire
Les termes différens qui forment votre histoire :
J'ignore absolument vos genres, vos espèces ,
Vos méthodes, vos noms, vos ordres et vos sexes.

Tout ravit, tout enchante, au sein des végétaux ;
Pour les peindre il faudrait de magiques pinceaux :
Il faudrait emprunter la main de la nature,
Ou bien de Philibert avoir la touche pure.

Un poète, étranger à tous leurs agrémens,
Craint de mal exprimer ses tendres sentimens.

Les végétaux sont plus qu'un objet insensible :
On les voit redouter ce qui leur est nuisible,
Et chercher, avec soin, dans les sucs différens,
Ceux qui peuvent fournir leurs meilleurs alimens.

La lumière est pour eux un principe de vie :
Ils languissent alors qu'elle leur est ravie.
L'air est un élément qui sert à les nourrir.
Le soleil les émeut, et les fait resplendir :
Ils semblent voir cet astre avec reconnaissance ;
Plusieurs voilent leur front, pour plaindre son absence.

Il est des végétaux qu'on ne peut asservir,
Car la captivité les fait bientôt périr ;
On a beau leur donner les soins de la culture,
On a beau leur offrir une ample nourriture,
Ils réclament les bois, leur naturel séjour,
Et haïssent, loin d'eux, la lumière du jour :
Ils ne peuvent quitter le sol qui les vit naître,
Et semblent regretter qu'on ait pu les connaître.

Oh ! je voudrais savoir pourquoi certaines fleurs
A des momens précis étalent leurs couleurs,
Et viennent les cacher, quand l'heure réservée
A voiler leur beauté se trouve être arrivée !

Les plantes, comme nous, se livrent au sommeil ;
Et quelques-unes ont un paresseux réveil :
La plupart, cependant, au lever de l'aurore
Etalent la beauté dont leur front se décore.

Des fleurs, à tel instant, présentent une odeur
Qui blesse le cerveau, qui soulève le cœur ;
Quelques heures après, un doux parfum s'exhale
De ces étranges fleurs que ma Muse signale.

Il est des fleurs qui sont amantes de la nuit ;
Et qui cachent leurs traits lorsque le soleil luit ;
Il en est que l'on voit ne montrer leur figure
Qu'alors que ce bel astre éclaire la nature.
D'autres servent pour nous à mesurer le temps,
Et ne viennent s'offrir qu'à différens instans.

Des plantes, d'où provient le sommeil admirable ?
La cause en est pour nous encore impénétrable :
Elle sera toujours cachée à nos regards,
Malgré tous les progrès des sciences, des arts.

Il est des fleurs qui n'ont qu'une nuit d'existence ;
D'autres ne nous font voir qu'un seul jour leur présence.
Hélas ! d'autres encore ont un plus court destin,
Et vivent seulement l'espace d'un matin !

L'Héliotrope est chère au Dieu de la lumière,
Et suit, de ses regards, son immense carrière :

Devant lui, d'autres fleurs, avec timidité,
Détournent leur visage et cachent leur beauté.

Une fleur, qu'à nos yeux un tendre éclat décore,
Est, pendant tout le jour, une fleur inodore;
Mais, dès que la nuit vient répandre sa fraîcheur,
Cette fleur nous présente une agréable odeur.

Des fleurs ont, en naissant, la blancheur virginale :
Le rose est la couleur que leur calice étale,
Quand elles vont bientôt cesser de nous offrir
Leurs attraits, qui nous font goûter tant de plaisir.

Les plantes, comme l'homme, ont des antipathies :
Elles ont donc besoin d'être bien assorties.

Des fleurs avec amour étalent leur beau sein ;
Désirant qu'un baiser lui fasse un doux larcin ;
D'autres ont en partage une pudeur craintive,
Et telle est à nos yeux l'aimable sensitive.

Savans ! expliquez-moi pourquoi certaine fleur
Sait deux fois, en un jour, varier sa couleur :
Le matin, son calice est peint d'un brun modeste,
Et, le soir, on le voit briller d'un bleu céleste ;
La nuit, elle reprend sa couleur du matin,
Et continue ainsi jusques à son déclin.
Cette fleur, sans pareille, a dix jours d'existence,
Et, par ses attributs étonne la science.

Fleurs ! mon faible talent n'a pu peindre vos traits :
Des poètes brillans ont chanté vos attraits ;
Et comment, après eux, vous offrir un hommage
Qui puisse du public mériter le suffrage ?
Il faut, pour célébrer vos charmes enchanteurs,
Des accens inspirés par le Dieu des Neuf Sœurs.

O Brierre et Pottier ! enfans de la Neustrie,
D'un livre fait par vous mon âme s'est nourrie :
Votre ouvrage succinct a flatté mon esprit,
Et j'aime à témoigner que c'est à cet écrit
Que je dois ce que vient de mettre en évidence
Ma Muse, qui vous cite, avec reconnaissance (1).

Plantes ! en composant ce chant en votre honneur,
Ma bouche a savouré le goût d'une liqueur

---

(1) L'ouvrage dont il s'agit a pour titre : ELÉMENS DE BO-
TANIQUE, ou *Histoires des Plantes*, considérées sous le rapport
de leurs propriétés médicales, et de leurs usages dans l'écono-
mie domestique et les arts industriels, par MM. BRIERRE et
POTTIER (de Rouen.). — Paris, chez *Raymond*, éditeur de la
Bibliothèque du XIXe siècle. — 1825.

Que je dois à vos sucs, dont la vertu m'enflamme,
Et ranime souvent la langueur de mon âme (1).

---

(1) Cette liqueur est composée d'un échantillon de presque toutes les fleurs champêtres que je puis recueillir. Après les avoir fait sécher à l'ombre, j'en fais une infusion, à laquelle j'ajoute la quatrième partie d'eau-de-vie, et j'y mêle aussi du sucre.

Ce qui m'a fait naître l'idée de former la liqueur dont il s'agit est le passage suivant de la 33.ᵉ *Lettre persane* de MONTESQUIEU, où, après avoir condamné les excès du vin chez les princes mahométans, il s'exprime ainsi :

« Mais quand je désapprouve l'usage de cette liqueur qui fait
» perdre la raison, je ne condamne pas de même ces boissons
» qui l'égaient. C'est la sagesse des Orientaux de chercher des
» remèdes contre la tristesse avec autant de soin que contre
» les maladies les plus dangereuses. Lorsqu'il arrive quelque
» malheur à un Européen, il n'a d'autre ressource que la lec-
» ture d'un philosophe qu'on appelle Sénèque ; mais les Asiati-
» ques, plus sensés qu'eux et meilleurs physiciens en cela,
» prennent des breuvages capables de rendre l'homme gai, et
» de charmer le souvenir de ses peines. »

BREST.

〰〰〰〰〰〰

CHANT DOUZIÈME.

Chênes, ormes, sapins ! arbres chers à Neptune,
Vous, que toujours on voit faire cause commune,
Pour servir la patrie, au sein des vastes mers,
Je veux vous célébrer maintenant dans mes vers.
Vous êtes habitans du sol de nos contrées ;
Elles aiment par vous à se voir décorées.

O roi de nos forêts ! Chêne auguste et sacré,
Qui, dans l'antiquité, toujours fus révéré,
En te voyant je songe à la magnificence
Qu'au sein de la nature imprime ta présence !
Que j'aime à contempler tes superbes rameaux,
Qui semblent commander à tous ces végétaux !

Un siècle pour l'homme est une longue carrière ;
Et bien peu de mortels voient encore la lumière
Au-delà de ce terme, où tu sais parvenir,
Sans que ton âge encor te fasse dépérir.
Deux siècles, nous dit-on, bornent ton existence,
Ou viennent te montrer en pleine décadence.

G

Imposante forêt que voit Fontainebleau !
Ton aspect offre à l'âme un superbe tableau ;
Des chênes, sur ton sol, comptent trois cents années ;
Peut-être de plus loin datent leurs destinées,
Si j'en juge d'après ce que je vis en eux
D'antique, d'étonnant et de majestueux,
Lorsque je traversai ta magnifique enceinte,
Pour aller visiter une contrée empreinte
Du touchant souvenir qu'a laissé dans son sein
Un mortel qui remplit un glorieux destin (1).
Leur gigantesque tige et leur immense cime
Vinrent me présenter un spectacle sublime,
Qui fit naître dans moi bien des réflexions
Sur les destins des rois et ceux des nations.

Chêne ! fait pour briller au sein de l'Eden même,
La force et la durée ont en toi leur emblême :
Qui pourra s'étonner de tes jours si nombreux,
Alors qu'on songera qu'il est, en d'autres lieux,
Des arbres qu'on dit être aussi vieux que le monde ?
Un mortel possédant une raison profonde,
Adanson, établit, par des calculs frappans,
Que des arbres, dans l'Inde, ont bien quatre mille ans :
L'énorme *baobab* est cet arbre admirable,
Dont je raconte un fait qui paraît incroyable.

─────────────

(1) Il est ici question d'un voyage que j'ai fait, en 1829,
à Malesherbes, département du Loiret, pour aller y chercher
des inspirations.

Le feuillage du chêne, ou celui du laurier,
Brillait, chez les Romains, sur le front du guerrier,
Qui s'était signalé par sa haute vaillance :
Le héros était fier de cette récompense.

O chêne ! est-il donc vrai que, dans les premiers temps,
Les hommes, de ton fruit, faisaient leurs alimens,
Forcés d'agir ainsi par l'avare nature,
Qui ne leur offrait point une autre nourriture ?
Par Pline et Juvenal ce fait est avancé ;
Mais par d'autres auteurs on le voit repoussé :
Ils disent que jamais les plantes graminées
Ne purent pour le gland se voir abandonnées.

Chêne ! ta vaste cime offre un dôme pompeux,
Que la foudre parfois sillonne de ses feux.
Noble fils de la terre, ô colosse admirable !
Après avoir été cent ans inébranlable
Sous les efforts des vents contre toi conjurés,
Qui venaient tourmenter tes rameaux révérés ;
Après avoir cent fois ranimé ta verdure ;
Après avoir cent ans régné dans la nature,
Tu te vois renversé sur le sol généreux
Qui s'énorgueillissait de ton front glorieux :
Tu tombes ! et de ta chute on voit gémir la terre.
Le deuil de la forêt est celui d'une mère.
La hache t'a vaincu, par ses puissans efforts.
Ta chute a retenti jusques aux sombres bords.

Ta carrière n'est pas encore terminée :
Pour toi va commencer une autre destinée ;
Neptune te réclame, il veut te posséder,
Et Cybèle à son frère a voulu te céder.
Que tu vas devenir une importante chose !
Deux millions consacrés à ta métamorphose (1)
Font assez voir quelle est ta grande utilité,
Et ce qu'attend de toi notre prospérité.
L'homme, en te façonnant, va complaire à Neptune,
Et pour toi se prépare une haute fortune :
Tu vas de la patrie augmenter la splendeur,
Tu vas accroître encor les fastes de l'honneur.
Un Etat situé comme s'offre la France
Par sa marine doit annoncer sa puissance.

Arbre ! encore imposant après un grand revers,
Tu vas bientôt te voir un habitant des mers :
Immobile, cent ans, comme une pyramide,
Tu vas prendre bientôt une marche rapide.
Déjà l'œil du génie a mesuré ton port ;
Tous les arts vont vouloir concourir à ton sort.
Tu vas venir former un édifice immense,
Qui de mille mortels sera la résidence.
Oh ! combien de dangers assiégeront ton sein !
Que d'écueils tu verras sur ton vaste chemin !

_____

(1) On prétend qu'un vaisseau, tout équipé, coûte cette
somme de deux millions.

En te revêtissant d'une forme nouvelle,
Pénètre-toi du but où la France t'appelle :
Lorsqu'en château mobile on t'aura transformé,
Montre-toi constamment en tous lieux animé
Du désir de te rendre utile à la patrie,
Qui par toi veut se voir si noblement servie.
Que tes immenses flancs domptent le choc des flots,
Qui formeront contre eux de violens complots !
Que ta quille superbe, et qui va fendre l'onde,
Surmonte tout péril, sous sa forme profonde !
Que ta proue acérée ait toute la vigueur
Que la nature avait imprimée à ton cœur !
Accorde au gouvernail ta plus ferme substance,
Pour qu'il puisse partout déployer sa puissance.
Que ta poupe ait toujours à sa suite les vents !
Enfin, pour terminer mes vœux intéressans,
Qu'à tes nouveaux destins le Ciel soit favorable,
Et que ta force soit long-temps inaltérable !

L'Orme est le compagnon du chêne vigoureux :
Il vient s'offrir à moi lui-même, dans ces lieux.
Cet arbre est estimé pour ses divers usages :
Tout le monde connaît ses nombreux avantages.

Cet arbre est fort vivace ; et, s'il suit ses penchans,
Il vient s'environner de ses nombreux enfans :
Tous, à l'entour de lui, trouvent leur nourriture,
Et lui seul peuplerait de sa progéniture,
Le plus vaste terrain, si tous ses rejetons
Pouvaient s'étendre au gré de ses affections.

Tandis que de ses pieds tout un groupe s'élance,
De ses graines dans l'air s'envole un nombre immense,
Que le souffle des vents dissémine en tous lieux,
Et qu'on voit ressembler à des flacons neigeux.

L'orme en son sein récèle un principe sucré,
Qui pendant son vivant ne s'est point déclaré;
Mais alors que la scie active le déchire,
Cette opération soudainement attire,
Auprès de ses débris, un essaim bourdonnant,
Qui vient pomper le suc exhalé de son flanc,
Et que présente alors sa modeste poussière,
Où trouve à butiner l'abeille printanière.

L'orme est un bois utile, en mainte occasion :
Par lui le charronnage est mis en action;
L'orme sert de Cérès la puissance suprême;
L'orme soumet le bœuf au joug de Triptolême,
Et du soc nourricier secondant les effets,
Il vient le soutenir au milieu des guérets.
Cet arbre étant commun dans toutes nos contrées,
Ses ressources pour nous se trouvent assurées.

L'orme est pour la Marine un bois fort important :
Ma Muse lui doit donc un hommage éclatant.
Il a dans le grément une haute influence,
Et par lui la manœuvre agit et se balance;
Par ses soins tout se meut avec rapidité,
Par lui le mécanisme agit à volonté.

Cet arbre est précieux, même dans sa vieillesse,
Et sa caducité nous sert, nous intéresse :
Lorsque le rude hiver vient à se déployer,
L'orme est le roi des bois qui charment le foyer.

Sapin ! je vois briller ta verte pyramide ;
Aux végétaux du nord ta majesté préside.
Dans les champs neustriens, j'aime à voir tes rameaux
Marier leur verdure à celle des ormeaux ;
Mais de toi, cependant, une longue avenue
A pour moi peu d'attraits, et fatigue ma vue.
Je ne suis point charmé du plaisir que tu prends
A te rendre l'écho du murmure des vents.
Ton feuillage immobile, épais, trop uniforme,
A la variété n'a rien qui soit conforme.
Ton air mélancolique excite des regrets,
Et vient nous rappeler les funèbres cyprès.
Toute sombre pourtant qu'on trouve ta verdure,
En elle est un bienfait encor de la nature,
Pour ces vastes climats en butte aux Aquilons,
Qui ne peuvent souffrir bien des productions.

Quand nos guerriers étaient au sein de la Russie,
Que voulait conquérir un trop ardent génie ;
Quand l'hiver moscovite, animé contre nous,
Par Novembre apporté, déchaînait son courroux ;
Quand, dans les rangs français, le terrible Borée
Faisait à tout sentir son haleine acérée ;

Quand l'air était chargé de meurtriers frimas ;
Et que la mort s'offrait à l'homme à chaque pas ;
Quand un linceul de neige enveloppait la terre,
Et paraissait couvrir un vaste cimetière,
O sapins ! vous jettiez le plus sinistre éclat
Sur ce tableau, qui fait encor gémir l'Etat.

Sapin, qu'en ce moment mon esprit examine,
Ton espèce est encor bien chère à la Marine.
Tout se rattache à toi sur ces châteaux mouvans,
Qui doivent leur vîtesse à l'haleine des vents.
En formant, de ton corps, la pompeuse mâture,
L'art conserve en entier ta superbe stature.
Ton attitude encore a de la majesté :
Tu sembles des vaisseaux accroître la fierté ;
Tu parais orgueilleux de ton nouvel empire ;
Et vois qu'à ton aspect le ciel semble sourire.
La terre ne peut plus ranimer ta vigueur ;
Mais tu n'as pas perdu ta force, ta hauteur ;
Et tu braves encor, dans ta nouvelle essence,
Des fougueux Aquilons toute la violence.
Tes pieds viennent baigner dans l'abîme des mers ;
Ta cime va chercher la foudre dans les airs.

FIN DU DOUZIÈME CHANT.

BREST.

~~~~~~~~~~

CHANT TREIZIÈME.

Les Dieux ont le nectar ainsi que l'ambroisie,
Pour charmer, chaque jour, leur immortelle vie.
Voltaire demanda des sons mélodieux
Au moka, qui sourit à ses louables vœux ;
Et Delille lui-même a rendu son hommage
Au café, dont il a célébré l'avantage
Dans des vers pleins de grâce et de facilité,
Où son esprit se peint avec naïveté.

Tout poète devrait féconder son génie
Par cet aimable fruit de l'Heureuse Arabie,
Et ranimer sa verve avec le jus brillant
Dont Horace a chanté le charme si puissant ;
Et que Caton, Socrate, aimaient avec délice ;
Mais rarement le sort à nos vœux est propice :
La gêne est trop souvent compagne d'un auteur,
Et ne lui permet pas de restaurer son cœur.

O vins ! qu'on voit former une charmante élite,
Clos-Vougeot, Sillery, Château-Margaux, Lafitte,

Hermitage, Tokai, Lunel, Vino-Santo,
Alicante, Schiraz, Roquevaire, Albano,
Constance, Chambertin, Condrieux, Malvoisie,
Lacryma-Christi, Chypre, Arbois et Canarie,
Vos noms ont de l'éclat, ils ont de la douceur,
Et vous êtes du ciel une haute faveur.

A Plutus vous venez prodiguer vos largesses;
Peu d'enfans d'Apollon possèdent vos richesses :
Pour moi je ne connais votre noble boisson
Que d'après ce qu'en dit le docteur Demerson.
Bérenger et Hugo, Lavigne et Lamartine,
Peuvent savourer tous votre liqueur divine :
Oui, la Fortune est juste envers ces vrais Français,
Et mon cœur applaudit à leurs brillans succès.

Le célèbre Adelung, cher à la Germanie,
A bien pu, pour complaire à sa rare manie,
Qui pourtant n'altérait nullement son cerveau,
Entasser trois cents vins au fond de son caveau,
Sans néanmoins en faire un plus fréquent usage
Que s'il n'avait pas eu ce trésor en partage.
Cet Adelung était un étonnant mortel :
Nul homme autant que lui ne fût universel,
Pour l'érudition, la science profonde;
Il n'ignorait, dit-on, nulle langue du monde.
Quelle immense mémoire il devait posséder !
Jamais un tel savant n'aurait dû décéder.

Oh ! quel genre important ont les Sarmentacées !
Ses richesses, par qui sont-elles surpassées ?

La Vigne est un trésor propre à bien des climats ;
Mais la France surtout pour elle a des appas :
Dans nul autre pays la vigne ne présente
Une diversité qui soit si surprenante.

O toi ! dont j'aime à voir le feuillage enchanteur,
Vigne ! qui réjouis et mes yeux et mon cœur,
Végétal si fécond, si précieux à l'homme,
Comment, en te peignant, faut-il que je te nomme ?
Nos vignobles en toi ne voient qu'un arbrisseau ;
Mais, dans les régions qui furent ton berceau,
Tu te montres un arbre énorme, magnifique :
Ainsi t'offre aux regards le sol asiatique.

Bienfaisant végétal, qui pourrait calculer
La quantité d'argent que tu fais circuler
Par l'annuel produit de ta liqueur chérie,
Source immense de biens, surtout pour ma patrie ?
Thétis voit sur son sein voguer mille vaisseaux,
Pour porter en tous lieux les vins de nos côteaux.
Du commerce français l'univers tributaire
Ouvre à notre industrie une étonnante sphère.

Arbrisseau qui produis le nectar des humains,
Tu sembles t'applaudir d'embellir nos destins.
Oh ! combien l'Angleterre envie à notre France
Les faveurs que chez nous procure ta présence (1) !

---

(1) « L'Angleterre n'a jamais vu mûrir de raisin sur son
sol : cependant le gouvernement anglais a fait des tentatives

Des vignobles français jus brillant et vermeil,
Toi qu'avec tant d'amour colore le soleil,
Tu portes tes faveurs chez ces fiers insulaires
Qui montrent leur éclat dans les deux hémisphères.
Le tarif d'Albion semble te repousser ;
Mais le goût du mylord sait toujours s'empresser
A t'appeler au sein de la Grande-Bretagne :
Il veut avoir chez lui le bordeaux, le champagne.

O vigne ! de tes plants que les variétés (1)
A nos vins ont donné de rares qualités !
Le sol n'a pas changé sa première nature ;
Mais il ressent l'effet d'une heureuse culture,
Et des ceps enlevés à des climats divers
Pour parer nos côteaux ont traversé les mers :
Notre sol s'est couvert d'espèces excellentes,
Qui partout sur son sein se montrent abondantes.

La vigne pour la France est un fécond trésor,
Que l'art le plus savant sait augmenter encor :

---

inouïes pour encourager cette culture ; et par un bill qui date
de 1689, il a offert une prime d'encouragement de 100,000 li-
vres sterlings (plus de 2,000,000 fr. de notre monnaie) à celui
qui parviendrait à cultiver la vigne en Angleterre avec succès ».
(Note de l'*Histoire de la Vigne et du Vin*, par M. L. DEMERSON).

(1) « Ces variétés sont, à ma connaissance, au nombre de
plus de quatre mille ».

(Note de M. *Demerson*, dans son ouvrage déjà cité).

Cette source de biens s'accroîtra davantage,
Si le gouvernement par ses soins l'encourage.

Quand je peins tes bienfaits, ô noble végétal !
Je me plais à penser à l'illustre Chaptal :
Combien à ses travaux doit de reconnaissance
Le monde tout entier, et plus encor la France !
Les arts, par son génie, ont fait de grands progrès :
A la nature il a dérobé ses secrets.
Il a de la chimie étendu le domaine,
Et fait sentir à tout sa raison souveraine.
Par les grands procédés que nous offre son art,
Les ceps les plus communs produisent du nectar.

Pampre ! dont la verdure et m'enchante et m'inspire,
Je vais cesser pour toi les accords de ma lyre.
Si j'ai chanté le jus que ta grappe produit,
Je veux vanter aussi ce délicieux fruit
Que tu viens nous donner avec tant d'abondance.

Vous êtes, ô Raisins ! un fruit par excellence ;
Vous êtes un objet précieux aux humains :
Esculape, par vous, prolonge leurs destins.
Combien vous méritez l'hommage de ma Muse !
Lorsqu'à tout aliment la bouche se refuse,
Vous venez vous offrir, pour soutenir nos jours,
Et par vous la santé voit rétablir son cours.

Combien j'aime à vous voir figurer sur nos tables,
Doux présens de Bacchus, ô raisins délectables !

Votre couleur ambrée et votre velouté
Viennent flatter mes yeux, par toute leur beauté.
Que de nuances ont les raisins en partage !
Que de noms différens forment leur apanage !
Mais j'en reviens encore au charmant coloris
Qu'offrent à nos regards ces raisins si chéris :
Est-il un fruit plus beau qu'une grappe dorée,
Où qui par l'incarnat se trouve décorée ?
Fontainebleau, combien ton brillant chasselas
Se distingue parmi les raisins délicats !
Qu'à juste titre on voit tes grappes parfumées
Etre de tout mortel si vivement aimées !

Oh ! voici le Cafier, si cher à d'Esclieux !
Ce petit arbre a droit d'intéresser nos yeux ;
Il représente ici sa bienfaisante espèce,
Qui, dans plusieurs pays, fait naître la richesse.

Arbuste, qui d'abord fus donne par Moka,
Tu vins te reposer près de Batavia,
Avant que de franchir la distance si grande
Qu'il fallait traverser pour venir en Hollande.
Par ce pays offert à notre souverain,
Tu semblas présager ton fortuné destin :
Louis te recueillit, avec reconnaissance,
Et le jardin royal applaudit ta présence.

Cet asile eut pour toi les charmes les plus doux,
Et tu devins un don bien précieux pour nous :

On te vit prospérer dans ce lieu magnifique.
Bientôt tu réjouis la belle Martinique,
En venant la doter d'un de tes rejetons,
Qui fit aussi fleurir d'autres possessions.

D'Esclieux ! c'est par vous que cette colonie
A reçu ce bienfait de la mère-patrie :
Deux frêles arbrisseaux sont remis en vos mains,
Et vous attendez d'eux les plus heureux destins
Pour toute la contrée où votre prince envoie
Ces objets, envers qui votre ardeur se déploie.
Un père a moins d'amour pour ses tendres enfans
Que vous n'en témoignez, par vos soins si touchans,
Pour le rare dépôt que l'Etat vous confie,
Et pour qui l'on vous voit exposer votre vie.

Pour eux, vous vous mettez à la merci des mers :
La fortune cruelle a pour vous des revers.
Une gloire bien pure à votre âme est promise;
Mais tout vient entraver votre noble entreprise:
La voile déployée appelle en vain les vents,
Eole les retient dans ses antres bruyans.
Votre léger vaisseau, malgré sa forme agile,
Ne franchit qu'à pas lents une mer immobile.
D'un ciel qui resplendit les brûlantes ardeurs
Dévorent constamment les humides vapeurs
Qui pourraient apporter une onde bienfaisante,
Qu'implore, chaque jour, votre attente pressante.
A bord de ce vaisseau, qu'il m'est doux de bénir,
L'eau devient un trésor, et va bientôt tarir :

La prévoyance veut que dans cette détresse
A borner ses besoins chaque mortel s'empresse ;
D'Esclieux, le premier souscrit à la rigueur
Qui de sa soif cruelle augmente encore l'ardeur.
La longueur d'un voyage extrêmement pénible,
A ces deux arbrisseaux est pleinement nuisible :
Hélas ! l'un d'eux a vu ses rameaux se flétrir,
Et d'Esclieux n'a pu l'empêcher de mourir.
O d'Esclieux ! combien tu ressens de tristesse,
En perdant cet objet si cher à ta tendresse !
L'autre encore languit, et l'on craint vivement
Que le plus cruel sort l'atteigne également.
Avec quel intérêt d'Esclieux envisage
Ce faible rejeton, espoir de son voyage ,
Et qui devient pour lui doublement précieux !
Sur cet arbuste il porte à chaque instant les yeux :
Rempli d'inquiétude, il contemple, il observe
L'objet si délicat, pour lequel il réserve
Cette inestimable eau qui pourrait adoucir
La soif qui constamment vient le faire souffrir.
L'arbuste est ranimé par l'onde salutaire,
Qu'avec précaution lui verse une main chère :
Ah ! quel touchant plaisir éprouve d'Esclieux,
En voyant que le ciel est sensible à ses vœux !

Enfin est terminé ce pénible voyage.
Le sol soudain reçoit l'inestimable gage
Qui va lui procurer tant de prospérité.
O Cafier ! tu parviens avec rapidité

A

A te multiplier dans le sein de cette île,
Où ta plante rencontre un terrain si fertile.
D'Esclieux fut témoin de cet heureux effet,
Et son cœur put jouir du plus touchant bienfait
Qu'il venait de répandre au sein d'une contrée,
Qui d'amour envers lui se montre pénétrée.

Martinique, tu veux voir tes sœurs obtenir
L'objet si précieux qui te fait tant fleurir :
Des Antilles, bientôt, les autres colonies
De l'arbuste nouveau se trouvent enrichies.

O fruit délicieux que produit le Cafier !
La belle Sévigné sut mal t'apprécier,
Alors qu'elle prédit qu'on verrait ta substance
Ne pas être long-temps en faveur dans la France.
Café ! charmant café, par ton arôme exquis,
Tu trouveras toujours un grand nombre d'amis,
Au sein d'un territoire où le bon goût domine,
Et qui sait ce qu'on doit à ta liqueur divine.
Dans des pays nombreux le café, maintenant,
Triomphe, par l'effet de son attrait puissant.

Cafier ! source de biens pour diverses contrées,
Tes faveurs ont été trop long-temps ignorées.
O fortuné Yémen ! tu vins nous révéler
Ce trésor que tes bords aimaient à recéler :
Oui, c'est un vrai trésor, d'un prix inestimable,
Puisqu'il est si fécond qu'il est inépuisable.

II

Ta plante me rappelle un autre végétal,
Dont encore l'Asie est le pays natal :
Roseau, dont les anciens ignorèrent l'usage,
Et qui fus arrosé des pleurs de l'esclavage,
Dans ces climats brûlans où tu te viens offrir,
Sur ta production l'on n'a plus à gémir.
Canne à sucre ! pour moi tu deviens bien plus chère
Depuis qu'à ta culture un travail volontaire
Consacre, chaque jour, ses travaux empressés,
Qui d'après l'équité se voient récompensés.

O délicieux suc d'un roseau salutaire !
Tu t'es rendu pour l'homme un objet nécessaire.
Des abeilles d'Hydra, le miel plein de douceur
Ne peut point égaler ton exquise saveur.
Au moka précieux ta substance est unie,
Pour venir en former une vraie ambroisie.

Que de réflexions viennent ici s'offrir
A mon esprit, qui croit devoir les accueillir !
Ma tâche, en ce jardin, n'est pas remplie encore :
Peignons d'autres objets dont ce lieu se décore.

FIN DU TREIZIÈME CHANT.

BREST.

~~~~~~~~~~

CHANT QUATORZIÈME.

Végétaux résineux, que ma Muse examine,
Vous êtes importans encor pour la Marine ;
Pins ! vous donnez un suc nécessaire aux vaisseaux,
Et qui les garantit du frottement des eaux :
Ce vernis, que souvent les bâtimens reçoivent,
O secourables pins ! c'est à vous qu'ils le doivent ;
Vous venez restaurer et leur dôme et leurs flancs,
Et vous les préservez de l'outrage des ans ;
Vous rehaussez encor l'éclat de leur parure,
Et vous donnez du lustre à toute leur mâture :
Sans radoub, un vaisseau semble être décrépit ;
A son aspect jamais Neptune ne sourit.

Un végétal modeste et nécessaire à l'homme,
Exige maintenant que ma Muse le nomme :
Le Chanvre a bien des droits à notre attention,
Par tout ce que l'on doit à sa production :
Quel grand nombre d'humains doivent leur subsistance
Au travail que leur vient procurer sa substance !

Et combien sa main-d'œuvre a de simplicité,
Et coûte peu de frais, par sa facilité !

La culture du chanvre est très-considérable :
Sous le rapport du gain, elle est fort profitable
A l'homme que l'on voit y consacrer ses champs.
Un simple quart d'année est l'espace de temps
Que ce végétal veut pour occuper la terre :
Il demande un bon sol, pour devenir prospère.

Plante, quelques auteurs, pleins de sagacité,
Prétendent que tu viens altérer la santé
Des mortels dont les soins préparent ta substance :
Ils disent que de toi la nuisible influence
Se fait sentir à ceux qu'on voit te cultiver.
Par des précautions ne peut-on préserver
L'homme que son état à ces dangers expose ?
Quand un mal est connu, l'on en combat la cause.

Cette opération que l'on nomme rouir,
Et qu'après sa récolte, au chanvre on fait subir,
Corrompt les eaux et vient empester l'atmosphère :
Un mortel, animé d'un zèle salutaire,
Le bienfaisant Christian, s'est montré l'inventeur
D'un procédé qui peut éviter tout malheur.
Pourquoi ne suit-on pas ce que prescrit ce sage,
Pourquoi ne met-on pas sa méthode en usage ?

Chanvre ! combien te doit l'art du navigateur !
Voyez-vous s'élancer du Pôle à l'Equateur,

Un Colosse, flottant sur les vagues bruyantes ?
Du chanvre il a reçu ses ailes triomphantes.

O chanvre ! on sait combien tes nombreux filamens
Sont du plus grand secours pour tous nos bâtimens,
Quand l'habile industrie en forme ces cordages
Qui les font parvenir aux plus lointaines plages.
Les cordages toujours sont les nerfs du grément,
Et leur destin les fait agir activement.

Les câbles ont surtout une grande influence :
De l'ancre protectrice ils servent la puissance ;
Et, quand le vaisseau veut suspendre son essor,
Les câbles, déployés, s'opposent à l'effort
D'une mer par les vents fortement agitée,
Et dont on voit bondir la surface irritée :
Quatre câbles alors semblent enraciner
Le vaisseau dans les flots, qui veulent l'entraîner.

Chanvre ! sans ton secours que serait un navire ?
Pourrait-il explorer jamais l'humide empire ?
Fille de toi, la voile emprisonne les vents,
Par elle le vaisseau franchit les flots mouvans,
Avec une vitesse admirable, étonnante,
Et qui rend, sous ses pas, la mer étincelante.

Chanvre, un autre produit veut usurper tes droits ;
Il fait en sa faveur s'exprimer une voix
Que guide la raison, la sage expérience
Et son zèle éclairé pour le bien de la France :

On voudrait vous former, Voiles de nos vaisseaux,
De ce léger duvet que l'on doit aux rameaux
Du cotonnier, qui croît au sein de l'Amérique.
Ce sentiment n'est pas assez patriotique :
Le chanvre croît chez nous, il faut l'utiliser ;
Le coton ne doit pas venir paralyser
Un objet que fournit le sol de la patrie ;
L'Etat doit constamment protéger l'industrie
Qu'exercent dans son sein de nombreux citoyens ;
S'il veut qu'il en résulte une source de biens
Pour tout son territoire, où sa sollicitude
Doit venir déployer toute sa plénitude.

Un autre végétal, qu'on ne peut trop bénir,
Avec le chanvre vient puissamment concourir
A former votre ampleur, Voiles audacieuses,
Par qui l'homme franchit tant de mers périlleuses :
O Lin ! flexible lin, ta grande utilité
T'a rendu précieux à la société.
Que de mains à toi seul sont-elles consacrées !
Le rouet, le fuseau, dans toutes les contrées,
Viennent de la navette entretenir l'essor.
Un champ semé de lin est un fécond trésor,
Par tout ce qu'il procure à l'active industrie,
Qui fait tout subsister au sein de la patrie.

O lin ! modeste lin, quand tu couvres nos champs,
Ta présence a pour moi des charmes attachans :
Ah ! combien tu me plais, par ta douce verdure,
Qui devient de la terre une aimable parure !

Mais, alors qu'on te voit te décorer de fleurs,
J'admire encore plus tes attraits enchanteurs :
L'azur qui fait briller tes cimes innombrables
A pour moi des appas qui sont inexprimables.
Si le Zéphir alors balance mollement
Ta surface, pour moi si pleine d'agrément,
Je crois voir une mer doucement agitée,
Où la couleur du ciel se trouve reflétée.

Le désir d'un écrit, qu'on ne peut récuser,
Voudrait qu'on s'empressât de naturaliser,
Sur le sol de la France, une plante importante,
Et qui, comme le chanvre, a sa tige abondante
En légers filamens, qui viendraient augmenter
Ceux que nos végétaux peuvent nous présenter :
Cette prétention doit paraître admissible ;
Abondance de biens ne peut être nuisible.

Le végétal qu'au chanvre on veut associer,
Ma Muse ne peut point encor l'apprécier :
Cette plante, qu'on dit que notre sol appelle,
La Nouvelle-Zélande en son sein la recèle ;
Du chanvre, le *phormium* égale la hauteur,
Et d'après ce qu'on cite encore en sa faveur,
Ses fibres ont bien plus de force, de souplesse,
Que celle que le chanvre à nous offrir s'empresse (1).

(1) « Il faut espérer qu'on verra un jour cultiver chez nous
le *phormium*, ou *lin de la Nouvelle-Zélande*, dont les fibres plus
déliées et bien plus solides que celles de notre chanvre, s'élèvent
à la même hauteur. » (*Elémens de Botanique*, par MM. Brierre
et Pottier).

Voici le Chou commun, qui fixe mes regards,
Quoique d'autres objets s'offrent de toutes parts.
Végétal nutritif, ta plante potagère
A mon noble projet ne peut être étrangère.
Tu n'es pas pour le sol un très-bel ornement ;
Mais la table en toi voit un utile aliment.
Tu procures encore un tout autre avantage :
Ce mal qui du marin souvent est le partage,
Le scorbut, nous dit-on, ne se fait pas sentir
Quand du chou fermenté l'homme vient se nourrir.
L'illustre Cook en fit l'heureuse expérience,
Alors que ses vaisseaux, dans leur carrière immense,
Virent tous leurs marins conserver leur santé :
Ainsi le chou montra son efficacité (1).

---

(1) « Les crucifères doivent leur saveur âcre et piquante et
leur odeur plus ou moins forte à leur huile volatile. Plusieurs
sont spécialement usitées comme anti-scorbutiques. Les plantes
qui jouissent de cette propriété, au plus haut degré, sont les
cressons (*sisymbrium*), les *cochléaria*, et surtout l'espèce connue
sous le nom de raifort sauvage ou de grand raifort. Le chou
lui-même ne se mange que parceque le principe âcre est mo-
difié par le mucilage ; si on le laisse fermenter, il devient anti-
scorbutique : dans cet état, il porte le nom de *choucroute*, et
sert de nourriture dans plusieurs contrées. Pour faire la choucroute, on coupe les feuilles du chou fort minces, on les met
dans des tonnes, avec du sel et des aromates, et on leur laisse
subir un certain degré de fermentation. Ainsi préparée, on l'em-
barque pour les voyages de long cours. On prétend que les
équipages de Cook durent la conservation de leur santé à l'u-
sage qu'ils firent de cet aliment pendant tout le temps que dura
leur navigation ». (MM. BRIERRE et POTTIER, ouvrage déjà cité.)

Combien m'offre ce lieu de plantes importantes !
Mais combien ne seront jamais ici présentes !

Princes majestueux du règne végétal,
Palmiers ! qui du bonheur nous donnez le signal,
Et rehaussez l'éclat de la riche nature,
Que j'aimerais à voir votre noble parure
Briller dans cette enceinte, où tant de végétaux
Etalent à l'envi leurs différens rameaux !
Vains désirs ! je le sais, arbres si magnifiques,
Vous êtes réservés aux climats des Tropiques:
La terre avec orgueil vous voit la décorer,
Et l'homme ne peut point se lasser d'admirer
Votre port, vos rameaux, votre superbe tige,
Et voit dans votre ensemble un bienfaisant prodige.

Que ne trouvé-je ici tant d'autres végétaux
Dont les voyageurs font de si brillans tableaux !
L'arbre à lait (1) que Humbolt a si bien fait connaître,
Ne quittera jamais le sol qui l'a vu naître.
La nature n'a mis en lui nulle beauté;
Mais combien il est grand par son utilité !
Cet arbre, ne montrant qu'un desséché feuillage,
Paraît languir au sein d'un aride rivage;
Mais s'il trompe les yeux, il comble nos besoins,
Et n'attend des mortels aucun secours, ni soins.

_____

(1) *Palo de vacca.*

Dès le matin, il fait jaillir sa bienfaisance ;
Et cent vases remplis montrent son abondance.
Oh ! quel cœur, en voyant cet arbre merveilleux,
D'un si rare bienfait ne rendrait grâce aux cieux,
Et ne serait ému de la scène touchante
Que vient lui présenter cette foule innocente,
Qui reçoit, chaque jour, du sein d'un végétal,
Ce que livre chez nous un énorme animal !
Dans les traits de chacun, le plus doux plaisir brille :
Chaque habitant bientôt rapporte à sa famille
Ce lait si précieux, qu'on voit soudain jaunir,
A son extérieur, très-prompt à s'épaissir.
En voyant ce spectacle, où la candeur préside,
L'homme trouve du temps la marche trop rapide (1).

Oh ! qui ne bénirait les dons du créateur !
Etonnant Ravinal, arbre du voyageur,
Pour l'homme tu deviens une heureuse ressource :
Dans ton sein se nourrit une abondante source
D'eau limpide, excellente, et qui se vient offrir
A celui qui veut d'elle un secours obtenir.

––––––––

(1) Ce que je viens de dire des palmiers et de l'arbre à
lait m'a été suggéré par une excellente production intitulée :
Scènes de la Nature sous les Tropiques, et de leur influence sur
la poésie ; par Ferdinand Denis. Paris , chez Louis Janet, li-
braire. — 1824.

Je ne saurais exprimer combien la lecture de ce livre, extrêmement attachant, a intéressé mon âme.

Pour nos climats cet arbre aurait peu d'importance ;
La nature, toujours pleine de prévoyance,
Le présente en ces lieux où l'on voit l'Equateur
Faire à tout ressentir son excessive ardeur :
Cet arbre, en qui se trouve un rare caractère,
Ne peut donc se montrer au sein du Finistère (1).

Plantes ! ma lyre va suspendre ses accords,
Et, pour vous, vont cesser d'éclater mes transports :
Ma Muse va quitter votre enceinte agréable,
Où tout à mes desseins s'est montré favorable ;
Mais long-temps mes regards croiront voir vos attraits,
Et dans mon cœur flatté se sont gravés vos traits.

Au milieu de l'éclat des instrumens d'alarmes,
Plantes, que vous avez pour moi de bien doux charmes !
Si dans cette cité je faisais mon séjour,
Je viendrais fréquemment vous montrer mon amour.
A votre aspect on goûte une volupté pure,
O séduisantes fleurs ! filles de la nature :
Vos couleurs, vos parfums, votre variété,
Répandent sur mon front de la sérénité :
Vous enchantez mes yeux, et mon âme est émue
Par vos touchans attraits prodigués à ma vue.

---

(1) L'arbre que je désigne existe à l'Ile de France, dans
le jardin des Pamplemousses, d'après un ouvrage du célèbre
voyageur PÉRON, dont un passage brillant fait l'objet d'une
note du livre de M. *Ferdinand Denis.*

Vous venez féconder mon esprit languissant,
Alors qu'il ne peut point exprimer son penchant :
L'invention lyrique est par vous rafraîchie,
Et de nobles couleurs se trouve être enrichie.

Belles productions de l'immense univers,
Vous qui, pour nous charmer, traversâtes les mers,
Plantes de la patrie et plantes étrangères,
Vous semblez à ce sol être également chères.
Vous croissez à plaisir sous les yeux vigilans
Du mortel qui dans vous semble voir ses enfans.
Plantes, que votre aspect toujours le réjouisse,
Et que de vos parfums bien long-temps il jouisse !

Dieu d'Epidaure, ici tes trésors étalés
Sont pour l'Humanité des bienfaits signalés.
Si contre sa blessure un marin vous réclame,
Plantes, pour lui soyez un merveilleux dictame !
Ah ! de tous les mortels soulagez les douleurs,
O plantes ! qui pouvez épargner tant de pleurs !
Conservez, prolongez la touchante existence
Des hommes dévoués à la noble science
Qui combat constamment les maux du genre humain !
L'art le plus précieux, certes, est en leur main.

FIN DU QUATORZIÈME CHANT.

BREST.

CHANT QUINZIÈME.

Un fléau désolant frappe le Finistère :
Comme il accroît, hélas ! ta liste funéraire,
O redoutable Mort ! dont l'implacable faux
Semble vouloir peupler la terre de tombeaux !

Mil huit cent trente-deux est l'époque funeste
Qui vint nous apporter cette sorte de peste :
D'abord la Capitale a senti sa fureur ;
Et bientôt l'on a vu ce mal, si destructeur,
S'étendre en bien des lieux de notre territoire.
Jamais on n'en perdra la pénible mémoire.

Quimper, Brest et Morlaix, ainsi que Lannion,
Sont, presqu'en même temps, dans une affliction
Que l'homme vainement tenterait de décrire.
Quels terribles effets un fléau peut produire !

Juin, Juillet, Août, Septembre, ô mois couverts de deuil!
Que d'êtres vous avez plongés dans le cercueil,

Seulement à Morlaix, pendant ce tiers d'année,
Dont l'âme semble encor se trouver consternée!

Ce déplorable mal, hélas! t'a fait gémir,
O Brest! et j'en conserve un triste souvenir :
Le *Choléra-morbus* a porté le ravage
Dans ton enceinte, alors que je rendais hommage
A l'intérêt puissant qu'offre ton port fameux.
Ma Muse a suspendu ses sons harmonieux,
Pendant un long espace, et mon âme troublée
A plaint amèrement ta ville désolée.
Comment n'aurais-je point partagé ta douleur,
Puisqu'à toi je désire un suprême bonheur ?

Muse, dont la tristesse ici se manifeste,
Peins le trépas d'un homme aussi doux que modeste.
Magistrat distingué, vous, sage Rivoallan,
Que Morlaix a choisi, par un heureux élan,
Pour régir sa cité, qui vous avait vu naître,
Il m'est flatteur ici d'offrir, de reconnaître,
Le zèle, le talent, l'équitable bonté,
La prudence, l'honneur, la noble fermeté,
Qui dans vos fonctions furent en évidence.
Chacun doit à vos soins de la reconnaissance.
L'excès du travail vint nuire à votre santé ;
On vous vit redoubler encor d'activité,
Pour prevenir les maux de cette épidémie
Qui, si rapidement, met l'homme à l'agonie.
De vous perdre bientôt Morlaix eut la douleur :
Ce fut pour cette ville un sensible malheur.

Combien de vous, sans doute, elle devait attendre !
Au tombeau jeune encore on vous a vu descendre :
On doit vous regarder, hélas ! assurément,
Comme ayant succombé sous votre dévouement.

Achevons le récit d'un mal dont l'influence
Partout fait redouter sa funeste présence.

Pendant que le fléau s'étendait sur Morlaix,
Au sein de sa cité, mon Dieu ! je résidais :
Hélas ! il a fallu que mon âme sensible
Vît ce cruel fléau, dans sa fureur terrible,
Enlever, chaque jour, parmi ses habitans,
L'adulte, le vieillard, les femmes, les enfans !
Sa population se trouva décimée.
Mon âme se montra plus triste qu'alarmée,
En voyant du fléau les effets désastreux.
Un destin imprévu m'éloigna de ces lieux,
Quand touchait à sa fin l'affreuse épidémie,
Et dès-lors je revins au sein de ma patrie :
Là, ma lyre, trois mois, ne rendit aucuns sons ;
Mais je retrouve enfin mes inspirations.

O du calme d'esprit effet inexprimable !
Et de la solitude ô pouvoir chérissable !
Mon âme ici reprend le cours de ses travaux,
Et ma voix se complaît dans ses accens nouveaux.
Sur moi le sol natal exerce sa puissance :
Il m'est doux de le voir sourire à ma présence.

Ma Muse sommeillait depuis près de dix mois :
Maintenant qu'elle vient de retrouver sa voix ,
Elle veut terminer l'œuvre qu'elle destine
A chanter un sujet cher à notre Marine.
Aujourd'hui nul ne vient entraver mon essor ,
Et je suis maintenant le maître de mon sort.
Mais ma position n'est pas assez prospère
Pour que je puisse en tout suivre mon caractère :
Je ne puis donc dès-lors complètement agir
Ainsi que le voudrait mon intime désir.
O Brest ! objet chéri de mon feu poétique ,
Il faudrait traverser en entier l'Armorique ,
Pour venir près de toi féconder mes accens :
De tels souhaits pour moi se trouvent impuissans.
Mais je traite un sujet qui pleinement mérite
Que sur lui constamment l'on pense , l'on médite :
Je mets donc à profit , autant que je le puis ,
Le séjour dans lequel en ce moment je suis.

Solitaire maison, qu'on nomme le Vaudôme,
C'est au sein de tes murs et sous ton toit de chaume,
Que je vais achever mon travail attachant,
Qui toujours est l'objet de mon plus doux penchant.
Si mon livre n'obtient qu'un succès éphémère,
Je n'en peindrai pas moins le sol du Finistère,
Puisque cette contrée, où l'âme s'agrandit,
Au modeste talent quelquefois applaudit.
Je sais que ce pays en bien des lieux présente
Des landes, dont la vue, hélas ! est attristante.

Mais

Mais ce département, un des plus précieux,
Offre en son sein, pourtant, des produits bien nombreux,
Dont l'excédant toujours fait l'objet d'un commerce
Qu'en différens endroits notre Marine verse :
Ainsi le Finistère a droit d'être cité
Comme un pays connu par sa prospérité.
Quand on pense aux déserts que montre sa surface,
On ne peut concevoir où peut trouver sa place,
Au milieu d'un tel sol, ce grand nombre d'humains,
Qui sortant de son sein, couvrent tous les chemins,
Pour aller aux marchés, au culte, à chaque foire,
Que ce département a dans son territoire.

   Certes, le Finistère a de l'aridité :
C'est un fait qui ne peut se trouver contesté ;
Mais qu'il a des endroits superbes, agréables !
Il montre à nos regards des sites admirables.
Que son sol pittoresque offre de grands tableaux,
Bien dignes d'animer les plus nobles pinceaux !
Dans ce département, l'abondante nature
A tous ses habitans beaucoup de biens procure :
Dira-t-on que Cérès n'aime pas ce pays,
Quand on viendra songer aux immenses produits
Qu'il expédie aux ports les plus riches de France ?
Cette contrée a donc la plus grande importance.

   Le soc de Triptolème ici vient conquérir
Des terrains, que naguère on y voyait languir
Sous le jonc épineux, où l'aride bruyère :
Chaque jour la culture agrandit sa carrière ;

I

L'Armoricain, guidé par un sage motif,
Se montre, en bien des lieux, maintenant attentif
A féconder ses champs suivant l'expérience
Que la saine raison vient mettre en évidence.
L'agronome éclairé sait là, par ses travaux,
Augmenter le trésor de ses produis ruraux.

Le Finistère a bien des campagnes riantes ;
Il en offre beaucoup qui sont intéressantes,
Et c'est surtout auprès de toutes ses cités
Que les champs à nos yeux étalent leurs beautés.
Brest autour de lui voit d'agréables bocages :
On aime à contempler ces charmans paysages.

FIN DU QUINZIÈME CHANT.

BREST.

~~~~~~~~~~~~~~

CHANT SEIZIÈME.

Au fond de la Neustrie, où je suis maintenant,
Brest encore a pour moi son attrait dominant :
A chaque instant il vient s'offrir à ma pensée ;
Et, la nuit et le jour, mon âme est empressée
A s'occuper de lui, pour peindre noblement
Ce port, que je voudrais célébrer dignement.

Près de l'antique ville où j'ai pris la naissance ,
Je termine un tableau qui doit plaire à la France ,
En supposant qu'il ait ce que peut exiger
Son peuple, dont le goût va pouvoir le juger.

En ce moment, ma Muse habite une contrée
Qui depuis fort long-temps se trouve être illustrée :
Nul pays n'est plus riche en mâles souvenirs ;
Il a de quoi répondre à mes nobles soupirs.

Coutances ! près de toi ma Muse a son asile :
Non loin d'ici naquit le généreux Tourville,
Qui pour Téthys avait l'amour le plus constant,
Et qui sut s'acquérir un renom éclatant.

Combien d'autres héros cette terre a vu naître !
En quels pays lointains n'ont-ils pas fait connaître
Cette admirable ardeur que le Ciel mit en eux,
Pour leur faire accomplir ses desseins généreux ?
La valeur des Normands à nulle autre ne cède :
J'en atteste vos noms, Bohémond et Tancrède,
Rollon, Roger, Guiscard, et Guillaume, et Robert,
Richard et Matignon, Duquesne et Valhubert.

La Manche est un pays que chérit la Fortune,
Et la Manche est un sol que protége Neptune :
Ce littoral fournit des marins excellens,
Qui se font un plaisir d'acquérir des talens.
Brest a mille fois vu leur vaillance et leur zèle :
A vos ports belliqueux encore j'en appelle,
Cherbourg et Rochefort, Lorient et Toulon,
Lieux si chers à la France, à notre pavillon,
Des marins neustriens vous aimez le courage,
Et le discernement que tous ont en partage.
Rencontre-t-on jamais, au sein de l'univers,
Des hommes plus ardens pour affronter les mers ?
Ah ! qu'ils sont précieux pour nos forces navales !
Interrogez partout les voix et les annales,

Vous n'y trouverez point de meilleurs matelots :
Leur courageux élan semble étonner les flots (1).

---

(1) Après avoir fait l'éloge des marins que produit la Normandie, l'équité me porte à citer, en faveur des marins que voit naître la Bretagne, le témoignage d'un judicieux observateur, qui s'énonce en ces termes :

« Un matelot breton, ce premier matelot du monde, est un individu que rien n'étonne, que rien n'effraie, que rien ne fatigue : il part avec une culotte longue, deux gilets, deux chemises et deux mouchoirs, et parcourt les climats brûlans de l'Amérique, les mers glacées de la Norwège, sans qu'une plainte, un mot fasse connaître que l'inclémence des saisons affecte son tempérament et son caractère héroïque; un coup de vent l'arrache à son hamac, à la douce chaleur qu'il éprouvait, il s'élance sur les hautbans, sur les vergues glacées, au milieu des neiges, du vent et d'une grêle déchirante ; c'est-là que, décrivant un arc dans les airs, en obéissant au roulis du navire, il est tantôt au ciel et tantôt dans la vague, sans quitter la corde qu'il tient, l'épissure qu'il fait, le ris qu'il est à prendre : si l'ennemi foudroie son navire, les cordages, les mâts, ses compagnons tombent autour de lui, sans qu'il s'émeuve, sans qu'il quitte un instant l'occupation délicate qui demande toute l'adresse et le calme d'esprit d'un atelier. S'il meurt, c'est avec cette tranquillité que la philosophie ne peut donner, que l'habitude des dangers peut seule communiquer à l'homme. Dans sa famille, il est gai, généreux, prodigue, insouciant; il est fidèle à sa patrie. Ce matelot, j'en ai vu cent de cette espèce, est le plus estimable et le plus étonnant des hommes. Je n'ai rien dit de sa sobriété, de la force avec laquelle il supporte la soif et la faim, comme je tais les excès de tous genres auxquels

Boulogne ! quand tu vis un prince plein d'audace
Faire contre Albion sa terrible menace,
Combien de Neustriens, signalant leur valeur,
Ornèrent de leurs noms le bulletin d'honneur !

Cet immense appareil fit trembler l'Angleterre ;
Mais Vienne, déployant l'étendard de la guerre,
Sut de nos ennemis éloigner le danger,
Et la lutte avec Vienne alors vint s'engager :
Il fallut désarmer la Flotille admirable,
Que Nelson repoussait de son bras formidable ;
Mais qu'il n'eût pu dompter, malgré ses grands talens,
Et malgré le secours de tous ses bâtimens,
Si les vents, avec lui faisant cause commune,
N'eussent en sa faveur intéressé Neptune :
Aussi, pour conjurer son péril imminent,
L'Angleterre eût armé l'immense Continent.

L'Autriche, la Russie et la Grande-Bretagne,
Provoquèrent alors une illustre campagne :
L'Empereur terrassa cette témérité,
Par laquelle il voyait son essor arrêté.
S'il ne put point montrer son génie à Neptune,
A son char s'enchaîna l'inconstante Fortune.
Il fallut vous quitter, bords du Pas-de-Calais !
Austerlitz vit bientôt triompher les Français.

---

il cède malheureusement avec une facilité trop grande ; mais
qui sont peut-être un besoin, après les privations de tout
genre qu'une campagne détermine ».

(*Voyage dans le Finistère*, par M. CAMBRY).

Bretons et Neustriens ! enfans de la patrie ;
Vous possédez une âme intrépide , aguerrie.
Vous participez tous aux plus nobles travaux.
Vous êtes tous Français , vous n'êtes plus rivaux ;
Et les plus doux liens ensemble vous unissent.
Vos destins fortunés en nos jours s'accomplissent :
Les lumières , les arts , le commerce , la paix ,
Vous font à tous goûter leurs précieux bienfaits.
Ah ! vivez constamment en bonne intelligence !
Seule elle peut charmer toute votre existence.

O courageux Normands ! ô belliqueux Bretons !
Le monde entier connaît vos belles actions :
La valeur fut toujours votre commun partage ;
Et l'honneur toujours fut votre noble héritage.

Si pour bien satisfaire à tous mes sentimens ;
J'ai vanté quelques noms qui flattent les Normands ,
J'en puis offrir encor de chers à l'Armorique ;
En grands hommes aussi cette terre est classique :
La Tour-d'Auvergne , Artus , Clisson et Duguesclin ;
Tincteniac et Rohan , La Noue et Duguay-Trouin ,
Avec un noble orgueil la Bretagne vous cite ,
Et rien n'a surpassé votre éclatant mérite.

Brest ! à toi je reviens , afin de terminer
L'hommage que mon cœur t'a voulu décerner ;
Accueille ce tribut de ma sincère flamme ,
Et tu redoubleras le zèle de mon âme.

Mon poème n'est pas ce qu'il doit devenir :
De faits intéressans je saurai l'enrichir,
Alors que je pourrai consulter nos annales,
Sur ces vaillans soutiens de nos forces navales
A qui j'ai reservé d'énergiques accords.
Leur gloire applaudira mes louables efforts.
Ma Muse, qui pour eux possède tant de zèle,
A déjà, de plusieurs, fait un portrait fidèle :
Elle ne veut offrir leurs éclatans exploits
Qu'alors qu'elle pourra les montrer à la fois.
Pour peindre des héros si dignes de mémoire,
Il faut interroger les fastes de l'histoire :
Il faut que le récit de nos combats fameux
Fasse jaillir soudain des accens généreux.

O port ! dont la splendeur par ma Muse est dépeinte,
Quel heureux avenir s'attache à ton enceinte !
L'espoir le mieux fondé prédit que tes destins
Accompliront toujours de glorieux desseins.

FIN DU CHANT SEIZIÈME ET DERNIER.

ERRATA.

Dans tous les endroits de ce poème où il y a Thétis, *lisez*
Téthys.
Page 25, vers 4, au lieu de pour, *lisez* par.
Page 100, vers 4, au lieu de encore, *lisez* encor.

www.ingramcontent.com/pod-product-compliance
Lightning Source LLC
Chambersburg PA
CBHW062020200326
41519CB00017B/4858